Bread
Easy
原麦面包

邱弘裕 著

中国轻工业出版社

序

接触烘焙至今，已经25年了，从以前师傅怎么教就按照配方怎么做，到后来看了很多书，也参加了很多场来自日本、欧洲师傅的研习课程，影响了我对面包的看法，并学习和创造了更多做面包的方法。这本书就是要将之前学到的那些观念与自己后来的一些想法同大家分享。

现在我做面包，会采用天然的果泥取代人工色素来加入面团中，赋予面包颜色与香味。果泥的酸，能作为天然的改良剂，让面包更为柔软细致；天然的菌种，用来增加面团的张力，也更能带出面包中的麦香味。

现在我追求的是面包纯朴的风味，希望可以运用天然的食材加到面团中，让大家吃到食物本来的味道。

目录
Contents

Basic

knowledge

原麦面包

基础知识

制作天然面包的原则

食材的选用、制作的方式和材料的认知，我想是每一位面包师傅都应该要掌握的知识。在这本书里面，我选用了蔬菜与果泥的养分来供应给面坯，以补充面粉所需要的维生素，使面包更具独特性质。使用天然食材加入面团，也是我制作面包的原则。

小麦面粉基础知识

  面粉成分当中，对面团影响最大的就是面粉中的蛋白质和淀粉。小麦中的蛋白质分为醇溶蛋白（gliadin）与麦谷蛋白（glutenin），这两种蛋白质就是面团最主要的骨架。醇溶蛋白与麦谷蛋白不溶于水而且会吸水，它们吸完外来的水分后加上搅拌揉和即能成团。面团经过搅拌揉和后，产生黏性、弹性、筋性与薄膜组织，包覆住酵母活动时所产生的气体，面团就可以很活跃地延展开来。面粉中蛋白质含量的高低也会直接影响到出炉后面包的口感，也就是说，使用蛋白质含量高的粉类就容易拥有可以使面团膨胀的要素。

另一方面，面粉当中有七成是淀粉，淀粉当中的糖分是酵母活动的养分来源，其余的淀粉与醇溶蛋白、麦谷蛋白一起作为面团的骨架来支撑整个面团筋性结构，当面团经过发酵后放进烤箱烘烤，面团预热时面团筋性组织将产生变化，释放出水分（柔软，容易改变形状），因而形成面包。

原麦面包基本器具

　　让原麦面包美丽的秘诀，就在于善用干燥藤条编织而成的藤篮，不论是椭圆形还是圆形，都能在面包上制造出自然效果的横条纹，使面包更具美感。

　　面包表层所呈现的自然的横向纹路让面包更添迷人的韵味。

花形铜模

吐司模

水果条模

 如果要制作吐司，另有专用的带盖吐司模，烘烤时盖上盖子就能烤出平整的平顶吐司。

橡皮刮刀具弹性，经常用于拌匀材料或搅拌面糊，可以轻松刮除粘于容器内的材料。市售的橡皮刮刀多为耐热的硅胶材质，用来打发或搅拌细密的食材，非常好用。

中空模

橡皮刮刀

如何挑选好食材

● 面粉

一般面粉分为超高筋面粉、高筋面粉、中筋面粉、低筋面粉、法国面粉、黑麦粉。超高筋面粉大部分用于制作面条，高筋面粉用于制作面包，法国面粉用于制作硬质面包，中筋面粉用于制作包子、馒头，低筋面粉用于制作蛋糕、甜点类的食品，黑麦粉大部分用于制作酸味较重的面包。

● 砂糖

砂糖是面包风味的来源之一，可以增加面包的甜味、提高营养价值、延缓面团老化。在烘烤时，砂糖与蛋白质发生美拉德反应，因而焦化，附着在面团上面产生诱人的金黄色色泽与香味。砂糖添加过量将会使面团过于湿软，而失去应有的张力，发酵时砂糖会抑制酵母发酵，破坏酵母细胞，而无法达到应有的膨胀程度，在烘烤时也无法达到应有的质地美感，因此在制作面包时应注意砂糖的分量和比例。

● 全蛋

全蛋中的蛋白与蛋黄除了带给面包不同的风味以外，蛋白质跟面粉结合，使面团有更佳的弹性与韧性。蛋黄主要含有丰富的脂肪，其中的卵磷脂是天然的乳化剂，作为水和油的媒介，使面包内部更加柔软，并延缓面团老化。

● 牛奶

在原料配比中，直接将水换成牛奶会导致水量不足，因为牛奶中含有固体成分，使得面团偏硬，所以必要时要再添加15%的牛奶或10%的水。牛奶中的乳糖在面包烘烤时会发生焦糖化反应和美拉德反应，使面包表面形成鲜亮的金黄色泽。如果牛奶加入量大，牛奶的香味就会成为面包的主题了。

● 盐

盐能增强面团的筋性与面包的风味。食盐中99.5%的成分是氯化钠，另外含有微量的氯化镁、硫酸钙、硫酸钠。镁能调节面团的筋性，钙能调节水的软硬度。本书所用的盐有精盐、玫瑰盐、海盐等。（若在制作面团时忘记加入盐，面团将会吸收其他的养分，快速产生二氧化碳而使面团老化，造成面团甜腻、组织粗糙。）盐在面团里有紧实的作用，并且使面筋更有弹性与韧性。

● 酵母

酵母是制作面包的必备材料，自古以来对人类的贡献很大，是某些菌种微生物的总称。菌种来自于四面八方，如空气、谷类以及各式各样的水果中。酵母菌被广泛使用，利用酿酒酵母菌当中的单一品种制成的各种产品（如新鲜酵母、快发酵母、低糖酵母等）发酵力特别强，常以工业手法培养。

本书所选用的材料

01.
发酵材料

快发酵母 Instant Dry Yeast

新鲜酵母 Fresh Yeast

呈干燥颗粒状，加入面团之后，要进发酵箱才会发挥作用，与新鲜酵母不同之处在于它是干性酵母，需要靠水分湿润才能发挥作用，并且需要密封保存。

呈湿润的块状，加入面团之后，要进发酵箱才会发挥作用，与干酵母不同之处在于它是湿性酵母，需要冷藏保存。

02.

乳制品材料

动物性鲜奶油

**PRESIDENT UHT
Cream 35.1%**
产自法国布列塔尼
及诺曼底等地区。
质地绵密细致，打
发效果佳，口味浓
醇芳香。

无盐黄油

**PRESIDENT
Unsalted Butter Roll**
完全以牛奶及鲜奶油
制成，丰富的乳香，
让面包更具风味。

奶油奶酪

**ANCHOR Cream
Cheese**
乳香浓郁且带有淡淡
的乳酸风味与果香。

高熔点乳酪丁

高温烘焙不易融
化，能够在面包中
吃到完整的乳酪丁
是高熔点乳酪的特
性，味道香醇浓郁。

帕玛森乳酪粉

粉末细致，干酪风
味十足，烤后色泽
诱人，不易焦化，
无不良油脂味。

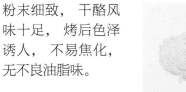

乳酪片

奶粉

03.
巧克力

04. ▶
粉状材料

水滴形巧克力

速溶咖啡粉

熟芝麻粉

黑糖

75% 黑巧克力

可可粉

高筋面粉

低筋面粉

CACAO BARRY
Mexique Dark
Couverture 75%
经过轻度发酵的可可豆，充满温暖木质芬芳和香料烟草气息，具有怡人的可可苦酸口感。

CACAO BARRY
Cocoa Powder
Extra-Brute
抢眼的红棕色可可粉，风味浓郁。

纯糖粉

玫瑰粉

烤恩杂粮粉

麸皮粉

黑麦细粉

杂粮粉

燕麦粉

全麦细粉

荞麦粉

05.

油脂

猪油

橄榄油

DE CECCO EXT.VIRGINE OLIVE OIL（CLASSICO）

清新独特的橄榄油芬芳，混合丰富的蔬果芳香，不论冷食蘸酱或是热厨烹调，其稳定的油质及饱满的清新芳香，都能让面包更添滋味。

06.

蜂蜜

龙眼花蜂蜜

乌柏蜂蜜

文旦蜂蜜（柚子蜂蜜）

原野蜂蜜

桂花冬蜜

向日葵冬蜜

百草冬蜜

厚皮香春蜜

07.

洋酒

樱桃酒

白兰地酒

黑麦啤酒

葡萄酒

朗姆酒

橙酒

08.

蔬果干和果泥

大黄茎

蔓越莓干

桂圆干

葡萄干

无花果干

香草荚

覆盆子果泥

芒果果泥

09.

坚果和种子材料

红豆

核桃

腰果

松子

葵花子

南瓜子

亚麻子

熟糙米

树豆

夏威夷果

扁桃仁

白芝麻

10.
盐

盐

天然海盐

使用手工采集与传统加工法，用心炼制出纯净且独特的纯天然海盐。没有一般盐余韵的苦味，能够增强食材本身自然的特色。

11.
其他材料

珍珠糖

细砂糖

火腿片

培根

菌种的培养与用途

菌种又称为"发酵种"，有液态菌种、鲁邦种、啤酒菌种、老面种等，这些都是以面粉、水、果干、啤酒花等培养出来的天然菌种，在培养菌种时，养分与香气也同时被培养出来，反应在菌种上面。

液态菌种

液态菌种据说在19世纪初期由波兰开始，当地的面包师傅利用面粉和水培养出液态的菌种，大约在1860年，通过维也纳人流传到巴黎。当时大家发现了液态菌种的活性，使用液态菌种，经过长时间的发酵，烤出的面包体积丰满，更具风味。液态菌种主要被运用在制作硬质面包上，因此在法国被广泛使用。

▌ 优点

1. 液态菌种发酵速度快，菌液活性强。

2. 菌液在面团里产生活性，适当地软化面团，这使得面团烘烤过后，面包更具有独特的香味。

3. 口感丰富、体积丰满。

▌ 缺点

1. 菌种温度控制不准确，容易使面团酸化而带有强烈的酸味。

2. 需每天喂养，这也会使得菌种的量过多，需要较多的储藏空间。

3. 菌液活性较强，所以需要大型容器，容易过度发酵使面包味道较为清淡。

● 起种

水380克、高筋面粉287克，搅拌在一起，水温32℃，搅拌后面团温度30℃，置于室温1小时后放入冷藏室。

每日早晚续种

水190克、高筋面粉144克，菌种pH每日会下降0.1，当pH下降至3.2时再加水与面粉，连续加7日，最终液种量约为初始体积的3倍（是菌种的最佳状态）。

刚拌好时的状态（为第一天）

7-1

放置一天后的状态

8

第三四天的状态

7-2

7-3

产生泡沫

鲁邦种

　　鲁邦种是法国师傅最常用的天然菌种，又分为"鲁邦液态菌种"和"鲁邦硬种"，是借由鲁邦液态菌种加入鲁邦硬种搅拌均匀而成，搅拌温度30℃，置于室温2小时后绑紧放入冷藏，一开始每天加水和面粉，连续加7日后（菌种延展性会很大），改为2日加一次，7日后改为3日加一次，然后7日加一次。鲁邦种的pH为3.8，最大为4.8，如果超过此值的话，乳酸太高会造成菌种过酸与软烂，呈现不佳的状态，所以pH最好为3.5～3.8。硬种的乳酸菌与酵母菌比例为100：1，借助活跃的乳酸作用，使面团变得更有延展性与活跃性。鲁邦种的乳酸会使面团软化，还具有保湿与抗老化效果，使得烘烤出来的面包更具独特的香味。

▎鲁邦原种

面粉	100%
水	125%
液态菌种	100%

将液态菌种与水加在一起搅拌，再加入面粉充分搅拌至无粉粒状态，室温发酵约2小时，pH达到4.1，放入冰箱每天加水和面粉（液态菌种只在第一次加入即可），日后即可使用。

1

2

3

4

5

6

▎ 鲁邦硬种

第一天	第二天	第三天
面粉 100%	面粉 100%	面粉 100%
水 30%	水 40%	水 40%
鲁邦原种 30%	一半鲁邦硬种面团	一半鲁邦硬种面团

　　将水与鲁邦原种加在一起搅拌均匀，加入面粉，以慢速9分钟、快速1分钟搅拌成团，室温发酵2小时后放入冷藏。第二天将面团分割为两半，取一份加入面粉与水，同样以慢速9分钟、快速1分钟搅拌成团，室温放置2小时后放入冷藏，续种7日后，再换3日加一次水和面粉即可。

1

2

3

4

啤酒菌种

啤酒（德语：Bier，英语：Beer，法语：Bière），又称麦酒、液体面包，是利用淀粉水解、发酵产生糖分后制成的酒精饮料。淀粉与水解酶一般由谷类作物制成麦芽后取得，大多数的啤酒利用加入啤酒花的方式形成独特苦味，并起到防腐作用，将啤酒花加入啤酒中进行酿造是最近几百年来的事，它的作用在于平衡麦芽的甜度，并对酵母的活动有适度的抑制，一般啤酒都经过杀菌处理，不适合拿来起种用，在这里是以生啤酒来培养菌种。啤酒发酵液是将啤酒、水、蜂蜜充分搅拌均匀，放置3~4天，使液体呈现较强的发泡状态，形成发酵液，再按照比例取发酵液制成发酵种。

▎ 发酵液

啤酒	100%
水	100%
蜂蜜	4%

※搅拌温度在25~28℃，搅拌好后放入冰箱，每天早晚进行搅拌，再经过72小时后看发泡状态。

▎ 发酵种

高筋面粉	100%
发酵液	65%
蜂蜜	2%

※将材料全部加在一起，以慢速搅拌10分钟，搅拌温度25℃，室温发酵2小时后冷藏15~22小时，呈现发酵状态即可。

1

2

3

4

5

＊如果要续种，取揉好的发酵种一半的量， 加上发酵种同等百分比的面粉（但不用加蜂蜜）， 进行搅拌发酵即可。

老面种

在制作面包中， 老面是最常用到的材料。 一般面包店会把多余的面团放入冷藏柜冷藏一晚，隔天当成老面使用。 添加老面在法式面包中，如法国长棍、坚果面包等，会带来独特的麦香味。

———— 面团制作流程 ————

揉面、 发酵、 时间、 整形、 烘焙

要制作面包，必须要经过几个重要的步骤：

揉面　将面包必备材料加在一起，搅拌至面团筋性出现，另一方面也要控制面团的温度。

发酵　将面团放入发酵箱发酵时，会不断地产生二氧化碳，体积因而不断地膨胀变大。

时间　控制时间是为了控制面团的发酵程度。

整形　面团经过了松弛后会产生柔软的性质，因而可制作出不同造型。

烘焙　面团经过前面的步骤后，放入烤箱烘烤熟，会产生香气。

面包制作方法

　　面包的制作方法世代流传，同时经过长年的研究、技术的精进、材料质量的提高、科学的现代化，也产生了新的制作方式。即使是同一种面包，使用不同的制作方式，也会有不同的质地与风味出现。运用不同的制作方法，除了增加面包的种类以外，还可以制作出更适合食用者的风味。

直接法

▌优点

发酵时间较短、工序较简单。

容易呈现食材的风味。

容易做出有张力的面包，使面包更有嚼劲。

▌缺点

发酵时间较短，水与面粉无法充分融合，面包硬化速度较快。

机械式搅拌时，容易使面坯过度搅拌，因而形成软烂的状态。

面团容易受到环境影响，较难控制面团温度，使面坯温度落差大，

发酵时状态不佳。

• 面团在进行一次性搅拌时，搅拌过程面团吸收水分，搅拌终止时面团的黏度、温度皆要达到要求。如果水分不足，后续再添加水时容易形成面筋，很难再吸收水分，面筋会将多余的水分留在面坯里，造成筋性松懈软烂。在搅拌面团时，温度、发酵时间、酵母的使用量，对每一种搅拌方式来说都是非常重要的，尤其是对直接法而言，三者是否平衡将直接关系到面包的质量。

中种法

▌优点

发酵时间较长，水与面粉充分融合，使面坯吸水量增

加，提高面包的柔软度。

保湿度佳、存放时间较长、面包较不易硬化。

面坯的延展性佳，具有柔软性，使面坯容易操作。

▌缺点

发酵时间长，需进行两次搅拌。

必须确保中种的发酵条件，另外制作面包花费的时间较长。

面包质地较为柔软，没有嚼劲，较难以呈现出面包香味。

● 发酵种法把制作面团分成两道以上的工序，因为前面先是制作发酵面坯，使面坯成熟，因此称为发酵种。
中种法是前面先以两道工序来制作面团，也算发酵种法的一种。在制作面团前，以60％以上的面粉混入酵
母与水进行搅拌成团，利用这种制作方式得到稳定的发酵，使面坯充分成熟，可增加面团的延展性以及产
生面包的香味。

天然的菌种，用来增加面团的张力，也更能带出面包中原麦的香味。

Bread
& toast

原麦面包｜吐司
实践范例

01. 鲜奶吐司

　　鲜奶吐司是由白吐司演变而来的一款吐司，白吐司是在五百多年前（公元1491年）由一位名叫Gérarpd Depardieu的法国人发明出来的，他当时梦想把面包变成黄金，想疯了，街头巷尾大家议论纷纷。国王听到了这件事情之后，就下令在14天内让他将面包变成黄金，不成功就要砍头。一转眼14天的期限到了，他硬着头皮拿着烤面包去见国王，结果烤出来的面包颜色并不像黄金，于是国王与大臣很生气，决定砍他的头。情急之下，他将呈现黄金色的奶酪抹在面包上面，献给国王食用，国王吃了非常喜欢，当下就将这款面包命名为"吐司"（Toast），而Toast是这位国王女儿的名字。

面团重 190克 × 6 = 1140克/1 条
此配方为1条量

材料	
高筋面粉	563 克
快发酵母	5 克
细砂糖	57 克
盐	10 克
奶粉	17 克
老面	88 克
鲜奶	215 克
水	70 克
蛋白	75 克
动物性鲜奶油	55 克
黄油	32 克

制作过程与方法

1.
将快发酵母与水搅拌均匀。

2.
将高筋面粉、细砂糖、老面、盐、奶粉、鲜奶、酵母水、蛋白、动物性鲜奶油放入搅拌缸内。

2-2

2-3

3.
先以慢速搅拌成团，再换中速搅打约3分钟，加入黄油再搅打至完全扩展。将面团取出，以两次三折方式整合成团后进行基本发酵。

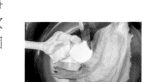
3-2

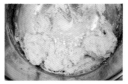
3-3

2-1

2-4

3-1

3-4

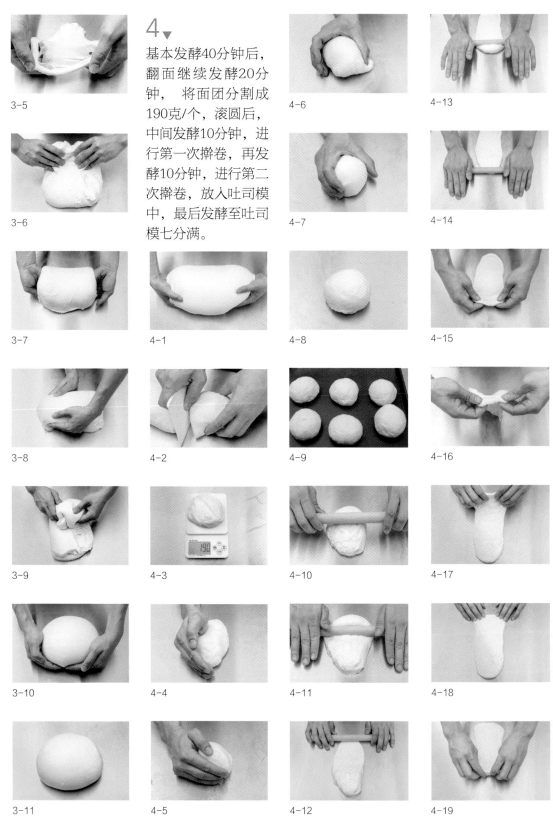

3-5

4.

基本发酵40分钟后，翻面继续发酵20分钟，将面团分割成190克/个，滚圆后，中间发酵10分钟，进行第一次擀卷，再发酵10分钟，进行第二次擀卷，放入吐司模中，最后发酵至吐司模七分满。

3-6

3-7

3-8

3-9

3-10

3-11

4-1

4-2

4-3

4-4

4-5

4-6

4-7

4-8

4-9

4-10

4-11

4-12

4-13

4-14

4-15

4-16

4-17

4-18

4-19

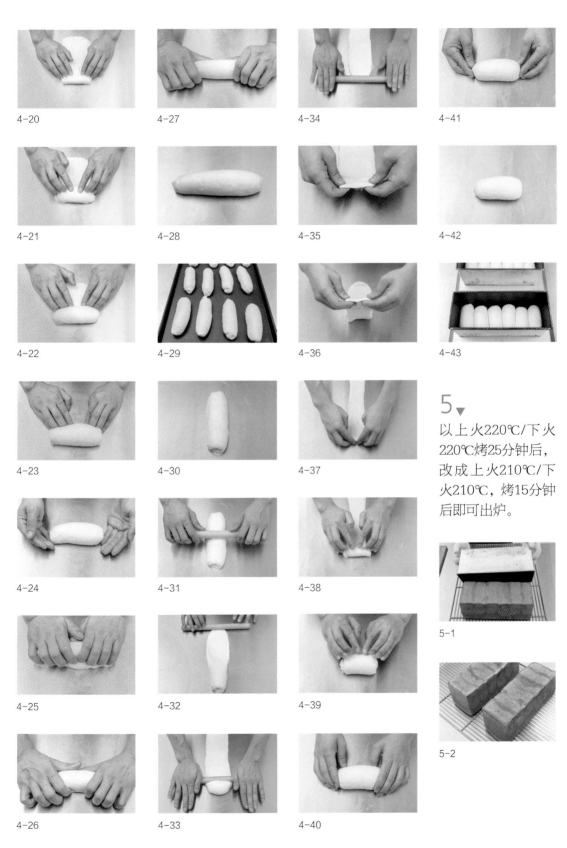

4-20

4-27

4-34

4-41

4-21

4-28

4-35

4-42

4-22

4-29

4-36

4-43

4-23

4-30

4-37

5▼

以上火220℃/下火220℃烤25分钟后，改成上火210℃/下火210℃，烤15分钟后即可出炉。

4-24

4-31

4-38

4-25

4-32

4-39

5-1

4-26

4-33

4-40

5-2

 Q&A

鲜奶吐司该如何保存?

　　常常有人问我，鲜奶吐司该如何保存，为何自己制作的鲜奶吐司没味道，外面买的面包味道好香，吃起来香味久久不散?

　　在这里跟大家分享我的做法。鲜奶吐司是由白吐司演变而来的一款吐司，在揉面团时，可将水换成鲜奶，再运用动物性鲜奶油使面坯具有足够的柔软度与香气，用蛋白来保持面坯的弹性，再加上用老面保持面坯的湿度，面团中虽未添加任何香精，却可以烘烤出带有麦香与奶香的鲜奶吐司。

　　另外，如果短时间内吃不完，建议将鲜奶吐司切成适当的大小，用袋子封好，放进冷冻室中，要吃时拿出来用烤箱稍微烤一下即可。这样处理过的吐司，就会有外酥里嫩的口感了，而且也可以保存比较长的时间。千万不要把面包长时间放在冷藏室，这会加速面包变干，使口感变得不好。

02. 覆盆子大黄茎面包

　　大黄在法国可说是很常见的植物，其茎部有着跟覆盆子一样的色泽与酸味，在法式点心里面经常出现。在这里我把颜色较深的覆盆子果泥运用在面团中，增加了面团的柔和度与色泽；将大黄茎运用在内馅中，开发出来的吐司带有酸甜的口味，深受大众喜爱。

面团重210克×2＝420克/1条
此配方为4条量

中种面团材料	
高筋面粉	500 克
杜兰小麦粉	95 克
快发酵母	9 克
水	15 克
蛋白	147 克
鲜奶	178 克
中种法	基本发酵 60 分钟
主面团材料	
高筋面粉	360 克
盐	9 克
鲜奶	104 克
细砂糖	160 克
动物性鲜奶油	22 克
冰覆盆子果泥	90 克
黄油（多备一些和内馅一起涂面团用）	102 克

制作过程与方法

步骤1：中种面团制作

1▾
将高筋面粉和杜兰小麦粉放入搅拌缸。

2▾
加入鲜奶、快发酵母、水和蛋白，以慢速搅拌均匀，再转中速搅拌3分钟成团，即可取出进行基本发酵。

2-2

2-3

2-5

2-1

2-4

2-6

3▾

基本发酵60分钟。

步骤2：主面团制作

1▾

将中种面团与高筋面粉、细砂糖、盐、冰动物性鲜奶油、冰鲜奶、冰覆盆子果泥放入搅拌缸内，慢速搅打成团，再用中速搅打约3分钟。

2▾

先用慢速加入黄油，搅拌至黄油与面团完全混合均匀，再转中速搅打至完全扩展。

2-1

2-2

2-3

将面团取出以两次三折方式将面团整形成团后进行中间发酵。

2-4

2-5

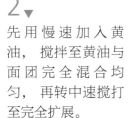
2-6

2-7

2-8

3▾

中间发酵15分钟，将面团分割成210克/个，滚圆后，再发酵10分钟，整形（两次擀卷），抹上内馅由上往下卷起，放入吐司模中再发酵至吐司模八分满，刷上蛋液，在中间划一刀，挤上黄油和内馅。

3-1

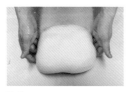
3-2

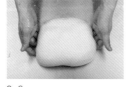
3-3

3-4

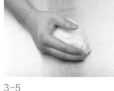
3-5

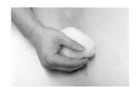
3-6

3-7

3-8

3-9

3-10

3-11

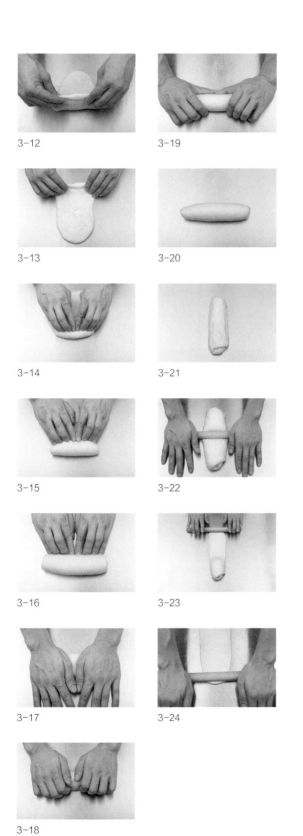

3-12

3-13

3-14

3-15

3-16

3-17

3-18

3-19

3-20

3-21

3-22

3-23

3-24

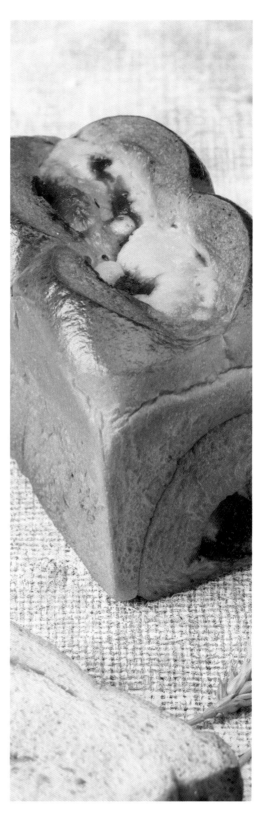

3-25

3-26

3-27

3-28

3-29

3-30

3-31

3-32

3-33

3-34

3-35

3-36

3-37

4▾

以上火130℃/下火220℃，烤25分钟后转向，改成上火130℃/下火210℃，再烤13分钟后即可出炉。

内馅制作

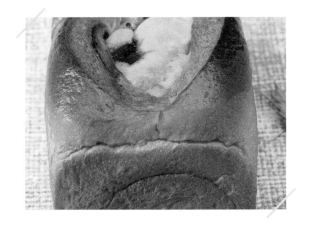

覆盆子大黄茎内馅

内馅材料	
大黄茎	500 克
细砂糖	250 克
覆盆子果泥	50 克

1 ▶

将大黄茎、细砂糖、覆盆子果泥拌在一起，放入冰箱浸泡一天。

1-1

1-2

2 ▶

将步骤1取出，煮成果酱即可。

2-1

2-2

03. 乳酪芒果面包

在一般的面包制作中，色素是最快速也是最方便得到的添加物，但在这里我将芒果果泥加入面团里面，让面团有着芒果的香味与颜色，烤出来的吐司带有淡淡的芒果香气，是店里的消费者非常喜欢的一款吐司。

面团重210克×2＝420克/1条
此配方为4条量

中种面团材料	
高筋面粉	500 克
杜兰小麦粉	95 克
快发酵母	9 克
蛋白	147 克
鲜奶	178 克
水	15 克
中种法	基本发酵 60 分钟
主面团材料	
高筋面粉	350 克
盐	9 克
鲜奶	104 克
细砂糖	160 克
动物性鲜奶油	22 克
芒果果泥	89 克
黄油	102 克
糖粉	适量

制作过程与方法

步骤1：**中种面团制作**

2 ▼
加入鲜奶、快发酵母、水和蛋白，以慢速搅拌均匀，再转中速搅拌3分钟成团，即可取出进行基本发酵。

1 ▼
将高筋面粉和杜兰小麦粉放入搅拌缸。

2-2

2-3

2-5

2-1

2-4

2-6

3▾

基本发酵60分钟。

2▾

加入黄油用慢速搅拌，至黄油与面团完全混合均匀，再用中速打至完全扩展，将面团取出整形成团。

2-7

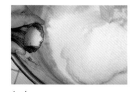

1-4

2-8

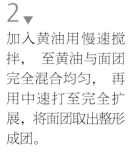

1-5

2-1

2-9

步骤2：主面团制作

1▾

将中种面团与高筋面粉、细砂糖、盐、冰动物性鲜奶油、冰鲜奶、芒果果泥放入搅拌缸内，慢速搅打成团，再用中速搅打约3分钟。

1-6

2-2

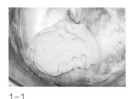

2-10

2-3

3▾

中间发酵15分钟，将面团分割成210克/个，滚圆后，再发酵10分钟，整形（两次擀卷），抹上内馅，在面团近尾端处划上几刀但不切断，将面团由上往下卷起，排入吐司模中再发酵至吐司模七分满，撒上糖粉。

1-1

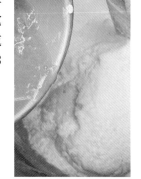

1-7

2-4

1-2

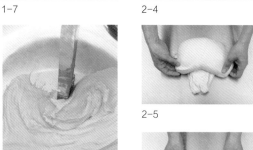

1-8

2-5

1-3

2-6

3-1

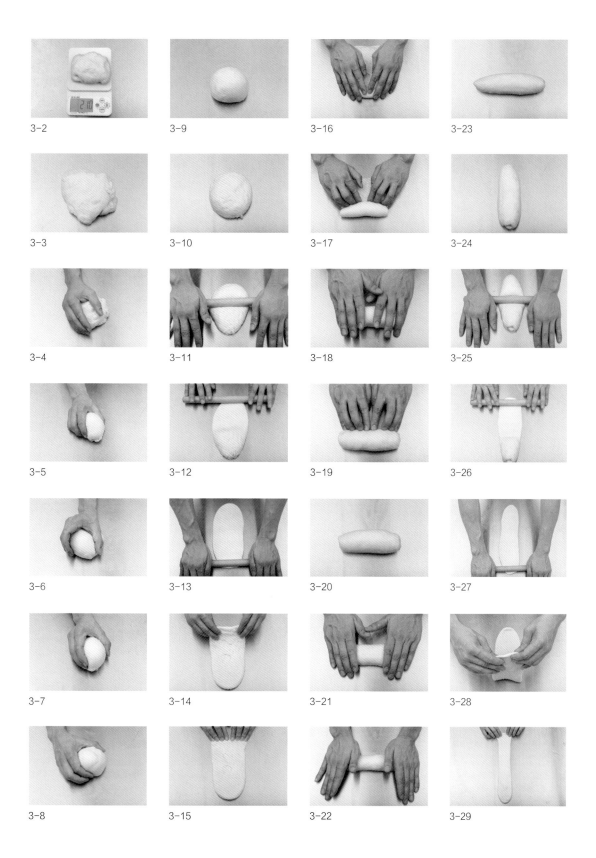

3-2

3-3

3-4

3-5

3-6

3-7

3-8

3-9

3-10

3-11

3-12

3-13

3-14

3-15

3-16

3-17

3-18

3-19

3-20

3-21

3-22

3-23

3-24

3-25

3-26

3-27

3-28

3-29

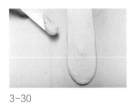

3-30

3-31

3-32

3-33

3-34

3-35

3-36

3-37

4▼

以上火130℃/下火220℃，烤25分钟后转向，改为上火130℃/下火210℃，再烤13分钟后即可出炉。

内馅制作

奶酪芒果内馅

内馅材料	
芒果泥	400 克
细砂糖	300 克
奶油奶酪	1000 克

1 ▶

将奶油奶酪、芒果泥与细砂糖
依序放入搅拌缸内以慢速搅拌
均匀。

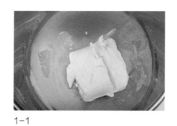

1-1

1-3

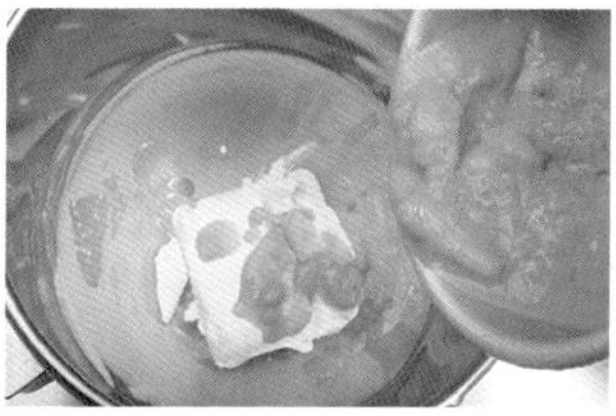

1-2

1-4

2 ▶

过筛后，放入冰箱冷藏1小时
备用。

04. 南瓜吐司

　　南瓜是水分与养分含量都非常高的瓜类植物，用蒸的方式处理，水分含量会太高，容易使面团过于软烂。此时面团需要加入一些筋性较强的超高筋面粉，使面团经过烘烤后口感带有弹性。

面团重210克×2＝420克/1条
此配方为5条量

中种面团材料	
高筋面粉	600 克
超高筋面粉	100 克
快发酵母	12 克
蛋黄	190 克
鲜奶	270 克
中种法	基本发酵 60 分钟
主面团材料	
高筋面粉	340 克
盐	12 克
鲜奶	190 克
细砂糖	160 克
奶粉	20 克
老面	200 克
熟南瓜泥	90 克
动物性鲜奶油	50 克
黄油	80 克
南瓜子	适量
蛋液	适量

制作过程与方法

步骤1：中种面团制作

1▼
将高筋面粉和超高筋面粉放入搅拌缸。

2▼
加入快发酵母、蛋黄和鲜奶，以慢速搅拌均匀，再转中速搅拌3分钟成团，即可取出进行基本发酵60分钟。

2-2

2-3

2-1

2-4

步骤2：主面团制作

1▼
将中种面团与高筋面粉、奶粉、熟南瓜泥、盐、冰动物性鲜奶油、老面、细砂糖、冰鲜奶放入搅拌缸内，慢速搅打成团，再转中速搅打约3分钟。

1-1

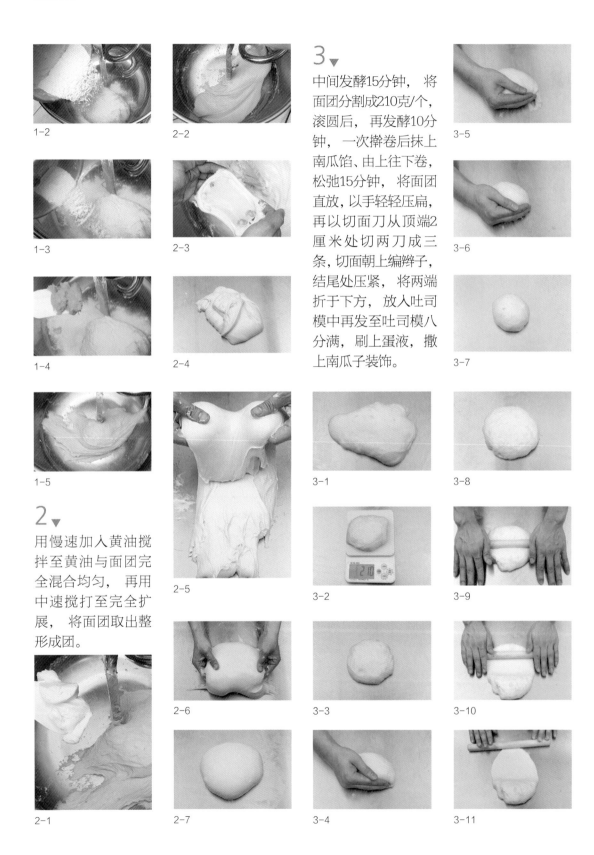

1-2

2-2

3▼

中间发酵15分钟，将面团分割成210克/个，滚圆后，再发酵10分钟，一次擀卷后抹上南瓜馅、由上往下卷，松弛15分钟，将面团直放，以手轻轻压扁，再以切面刀从顶端2厘米处切两刀成三条，切面朝上编辫子，结尾处压紧，将两端折于下方，放入吐司模中再发至吐司模八分满，刷上蛋液，撒上南瓜子装饰。

3-5

1-3

2-3

3-6

1-4

2-4

3-7

1-5

3-1

3-8

2▼

用慢速加入黄油搅拌至黄油与面团完全混合均匀，再用中速搅打至完全扩展，将面团取出整形成团。

2-5

3-2

3-9

2-1

2-6

3-3

3-10

2-7

3-4

3-11

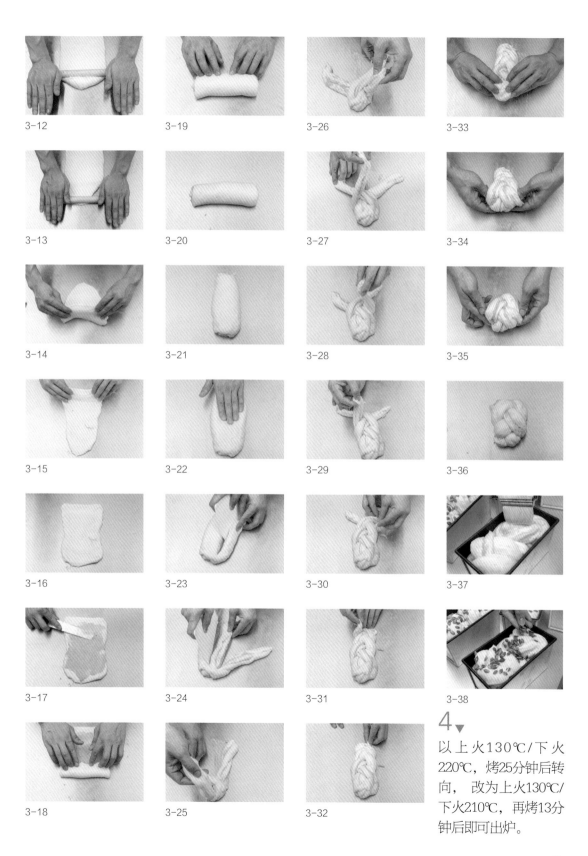

3-12

3-13

3-14

3-15

3-16

3-17

3-18

3-19

3-20

3-21

3-22

3-23

3-24

3-25

3-26

3-27

3-28

3-29

3-30

3-31

3-32

3-33

3-34

3-35

3-36

3-37

3-38

4▼

以上火130℃/下火220℃，烤25分钟后转向，改为上火130℃/下火210℃，再烤13分钟后即可出炉。

内馅制作

南瓜馅

内馅材料

南瓜泥（熟）	600 克
细砂糖	30 克
黄油	40 克
盐	2 克

▼

将南瓜烤熟打软，加入细砂糖、黄油、盐搅打均匀即可。

2

4

1

3

5

05. 甘薯吐司

据说甘薯的野生原生种源于美洲热带地区，由印第安人以人工种植成功。哥伦布发现新大陆时，将其带回西班牙，后又由西班牙水手传至菲律宾，在明朝万历十年（1582年）从菲律宾引进中国。古时中国常称外国为蕃，因此通称这种长在地上的甘薯为番薯或地瓜。甘薯不仅拥有丰富的淀粉，而且营养十分丰富，一般甘薯有白、黄、红三种颜色，在面包里面大多选用黄色的。

面团重210克
此配方为10条量

中种面团材料	
高筋面粉	600 克
超高筋面粉	100 克
快发酵母	12 克
蛋黄	190 克
鲜奶	270 克
中种法	**基本发酵 60 分钟**
主面团材料	
高筋面粉	330 克
盐	12 克
鲜奶	190 克
细砂糖	130 克
奶粉	20 克
老面	150 克
熟甘薯泥	120 克
动物性鲜奶油	15 克
黄油	80 克
杏仁粒	适量
蛋液	适量

制作过程与方法

步骤1: 中种面团制作

1▾
将高筋面粉和超高筋面粉放入搅拌缸。

2-1

2▾
加入快发酵母、蛋黄和鲜奶，以慢速搅拌均匀，再转中速搅拌3分钟成团，取出后进行基本发酵60分钟。

2-2

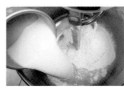
2-3

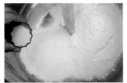
2-4

步骤2: 主面团制作

1▾
将中种面团与高筋面粉、盐、奶粉、细砂糖、冰鲜奶、冰动物性鲜奶油、熟甘薯泥和老面放入搅拌缸内，慢速搅打成团，再用中速搅打约3分钟。

1-1

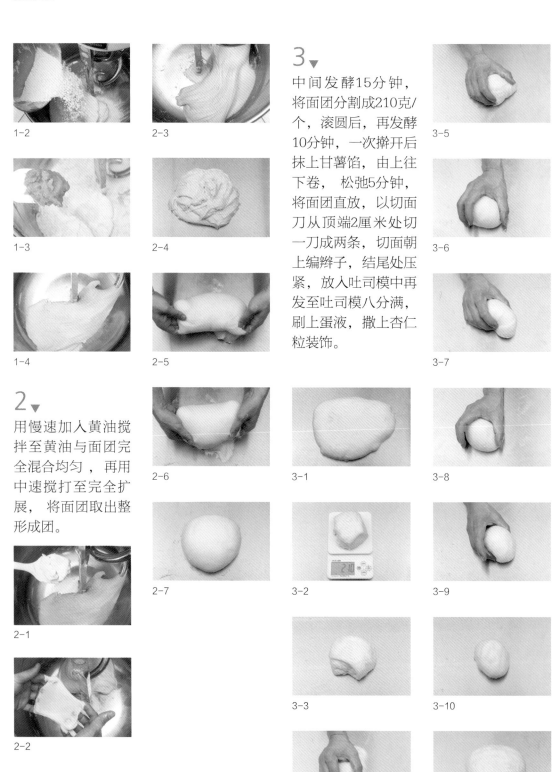

1-2

2-3

1-3

2-4

1-4

2-5

3▾

中间发酵15分钟，将面团分割成210克/个，滚圆后，再发酵10分钟，一次擀开后抹上甘薯馅，由上往下卷，松弛5分钟，将面团直放，以切面刀从顶端2厘米处切一刀成两条，切面朝上编辫子，结尾处压紧，放入吐司模中再发至吐司模八分满，刷上蛋液，撒上杏仁粒装饰。

3-5

3-6

3-7

2▾

用慢速加入黄油搅拌至黄油与面团完全混合均匀，再用中速搅打至完全扩展，将面团取出整形成团。

2-1

2-2

2-6

3-1

3-8

2-7

3-2

3-9

3-3

3-10

3-4

3-11

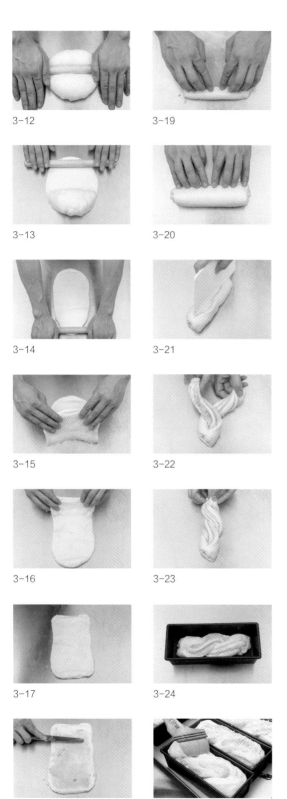

3-12

3-13

3-14

3-15

3-16

3-17

3-18

3-19

3-20

3-21

3-22

3-23

3-24

3-25

3-26

4.▼

以上火140℃/下火
220℃，烤15分钟转
向再烤10分钟即可
出炉。

内馅制作

甘薯内馅

内馅材料	
黄甘薯泥（熟）	600 克
细砂糖	60 克
黄油	40 克
盐	2 克

▼

将甘薯烤熟打软，加入盐、细砂糖、黄油搅打均匀即可。

1

3

2

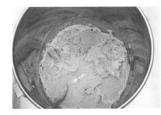

4

06. 芝麻红豆吐司

芝麻红豆吐司一直是广受日本人喜爱的一款面包，软嫩的面坯，香气十足，借着此书跟大家一起分享。

面团重210克×2 = 420克/1条
此配方为5条量

中种面团材料	
高筋面粉	700 克
快发酵母	12.5 克
蛋白	150 克
鲜奶	250 克
中种法	基本发酵 60 分钟
主面团材料	
高筋面粉	300 克
盐	18 克
鲜奶	220 克
细砂糖	135 克
奶粉	30 克
老面	250 克
熟白芝麻	26 克
熟黑芝麻粉	14 克
动物性鲜奶油	15 克
黄油（多备出一些与	80 克
内馅一起挤入面团）	
蛋液	适量

制作过程与方法

步骤1: 中种面团制作

1▼

将高筋面粉放入搅拌缸。

2▼

加入鲜奶、快发酵母和蛋白，以慢速搅拌均匀，再转中速搅拌3分钟成团，取出进行基本发酵。

2-1

2-4

2-2

2-3

2-5

2-6

3 ▼

基本发酵60分钟。

 步骤2：主面团制作

1 ▼

将中种面团与高筋面粉、细砂糖、熟黑芝麻粉、老面、盐、奶粉、熟白芝麻、冰动物性鲜奶油、冰鲜奶加在一起，慢速搅打成团，再用中速搅打约3分钟。

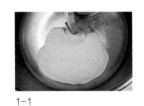

1-1

1-2

1-3

1-4

1-5

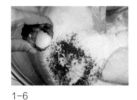

1-6

1-7

1-8

1-9

1-10

2 ▼

用慢速加入黄油搅拌至黄油与面团完全混合均匀，再用中速搅打至完全扩展，将面团取出整形成团。

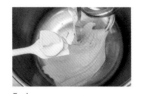

2-1

2-2

2-3

2-4

2-5

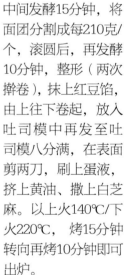

2-6

2-7

2-8

2-9

3 ▼

中间发酵15分钟，将面团分割成每210克/个，滚圆后，再发酵10分钟，整形（两次擀卷），抹上红豆馅，由上往下卷起，放入吐司模中再发至吐司模八分满，在表面剪两刀，刷上蛋液，挤上黄油、撒上白芝麻。以上火140℃/下火220℃，烤15分钟转向再烤10分钟即可出炉。

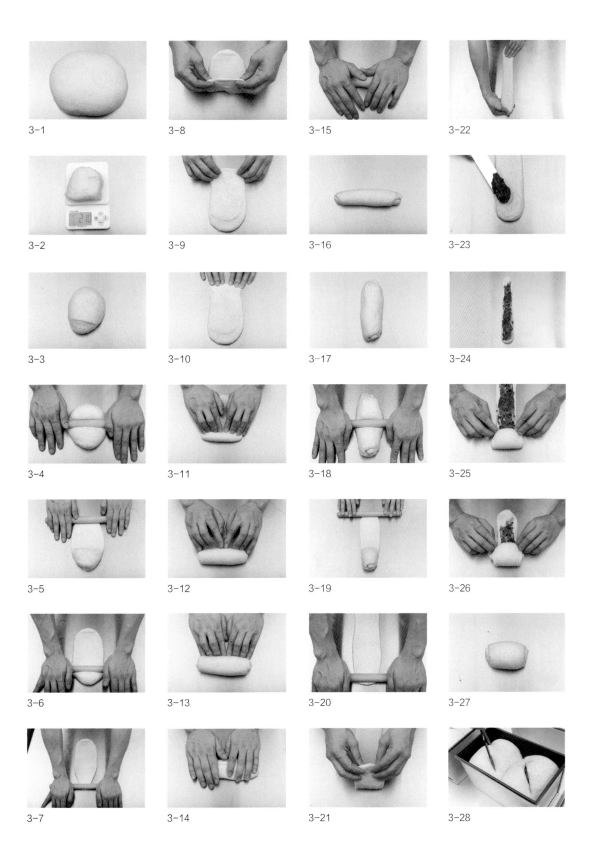

3-1

3-2

3-3

3-4

3-5

3-6

3-7

3-8

3-9

3-10

3-11

3-12

3-13

3-14

3-15

3-16

3-17

3-18

3-19

3-20

3-21

3-22

3-23

3-24

3-25

3-26

3-27

3-28

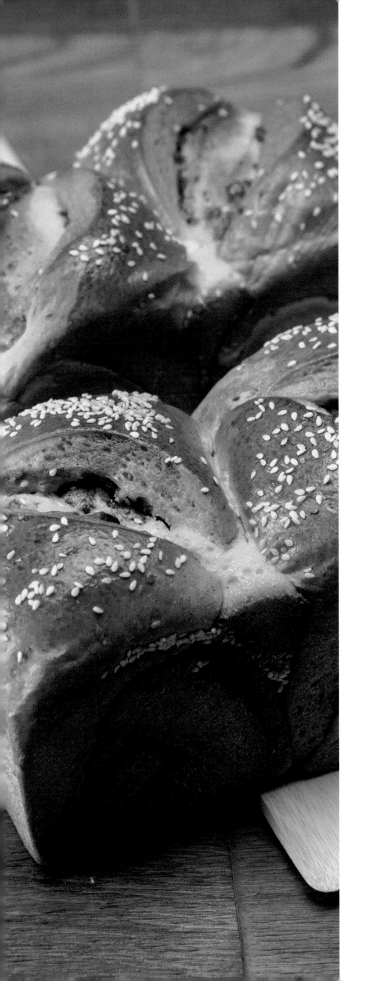

3-29

3-30

3-31

3-32

内馅制作

红豆馅

内馅材料	
红豆	200 克
细砂糖	80 克
盐	3 克
奶粉	30 克
黄油	30 克

1▾

将红豆洗干净，用水浸泡4小时以上。水要没过红豆，用大火煮滚后转小火焖煮，煮至红豆软烂即可。

2▾

加入细砂糖、盐，让红豆完全吸干汤汁，加入黄油搅拌均匀，再加入奶粉搅拌均匀即可。

2-3

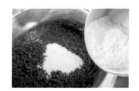

2-6

1-1

2-4

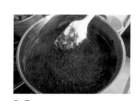

2-7

1-2

2-1

2-2

2-5

2-8

• 水分越多红豆馅越软，奶粉的作用是帮助红豆馅凝结。

07. 乳酪培根吐司

这个吐司对我而言非常重要，是陪伴着我从学徒时期到现在的一款吐司，变化多样、口感软嫩，借由蛋白来增加面坯的筋性，使得吐司的口感较有弹性。

面团重210克×2＝420克/1条
此配方为5条量

中种面团材料	
高筋面粉	700 克
快发酵母	12.5 克
蛋白	150 克
鲜奶	250 克
中种法	基本发酵 60 分钟
主面团材料	
高筋面粉	300 克
盐	18 克
鲜奶	220 克
细砂糖	135 克
奶粉	30 克
老面	250 克
动物性鲜奶油	15 克
黄油	80 克
培根	适量
乳酪片	适量
青酱	适量
马苏里拉乳酪丝	适量
黑胡椒粉	适量
蛋液	适量

制作过程与方法

步骤1：中种面团制作

1.▼
将高筋面粉放入搅拌缸。

2.▼
加入鲜奶、快发酵母和蛋白，以慢速搅拌均匀，再转中速搅拌3分钟成团，取出进行基本发酵。

2-2

2-3

2-5

2-1

2-4

2-6

3▼

基本发酵60分钟。

步骤2:: **主面团制作**

1▼

将中种面团与高筋面粉、细砂糖、冰动物性鲜奶油、盐、奶粉、冰鲜奶、老面放入搅拌缸内，慢速搅打成团，再用中速搅打约3分钟。

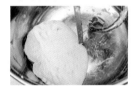

1-1

1-2

1-3

1-4

2▼

用慢速加入黄油搅拌至黄油与面团完全混合均匀，再用中速搅打至完全扩展，将面团取出整形成团。

2-1

2-2

2-3

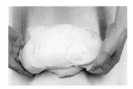

2-4

2-5

2-6

3▼

中间发酵15分钟，将面团分割成210克/个，滚圆后，再发酵10分钟，擀开成长方片，铺上乳酪片和培根并撒上黑胡椒粉，由上往下卷起，放入吐司模中再发至吐司模八分满，刷上蛋液，抹上青酱，用剪刀斜剪两刀，铺上马苏里拉乳酪丝。

3-1

3-2

3-3

3-4

3-5

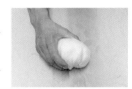

3-6

3-7

3-8

3-9

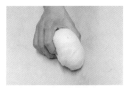

3-10

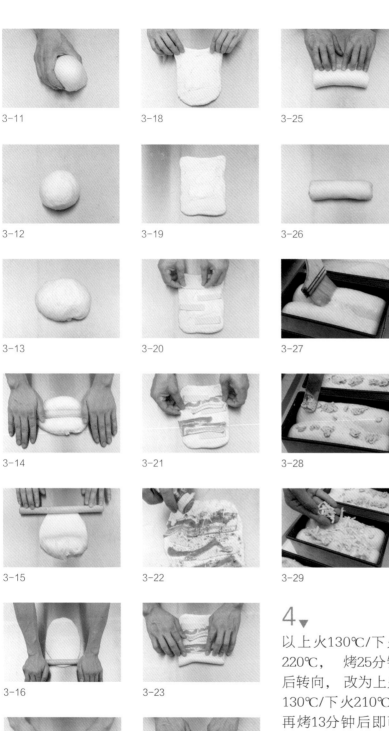

3-11

3-12

3-13

3-14

3-15

3-16

3-17

3-18

3-19

3-20

3-21

3-22

3-23

3-24

3-25

3-26

3-27

3-28

3-29

4 ▼

以上火130℃/下火220℃，烤25分钟后转向，改为上火130℃/下火210℃，再烤13分钟后即可出炉。

● 培根和熏鸡最好是烤过的，能让香味更好。
  面团里可包入乳酪片、培根、熏鸡、火腿片、芋泥馅等，做成甜味或咸味等不同口味的吐司。

● 青酱做法参见第149页。

08. 冲绳桂圆黑糖吐司

这是利用日本冲绳黑糖来取代蔗糖所做出的一款吐司，具有黑糖的香味与色泽，中间夹着浸泡过朗姆酒的桂圆干，带有丰富的质地与柔软的口感，是深受大家喜欢的一款吐司。

面团重210克
此配方为10条量

中种面团材料	
高筋面粉	700 克
快发酵母	12.5 克
蛋白	150 克
鲜奶	250 克
中种法	基本发酵 60 分钟
主面团材料	
高筋面粉	300 克
盐	18 克
鲜奶	220 克
日本冲绳黑糖	135 克
奶粉	30 克
老面	250 克
动物性鲜奶油	15 克
黄油（多备出一些作为表面装饰）	80 克
桂圆干	适量
杏仁粒	适量

制作过程与方法

步骤1：中种面团制作

1▼
将高筋面粉放入搅拌缸。

2▼
加入鲜奶、快发酵母和蛋白，以慢速搅拌均匀，再转中速搅拌3分钟成团，取出进行基本发酵。

2-2

2-3

2-5

2-1

2-4

2-6

3 ▼

基本发酵60分钟。

步骤2：主面团制作

1 ▼

将中种面团与高筋面粉、奶粉、盐、冰动物性鲜奶油、日本冲绳黑糖、老面、冰鲜奶放入搅拌缸内，慢速搅打成团，再用中速搅打约3分钟。

1-1

1-2

1-3

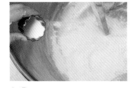

1-4

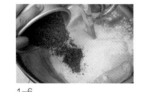

1-5

1-6

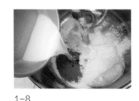

1-7

1-8

1-9

2 ▼

用慢速加入黄油搅拌至黄油与面团完全混合均匀，再用中速打至完全扩展，将面团取出整形成团。

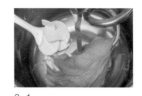

2-1

2-2

2-3

2-4

2-5

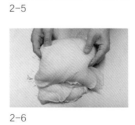

2-6

2-7

2-8

2-9

2-10

3 ▼

中间发酵15分钟，将面团分割成210克/个，滚圆后，再发酵10分钟，整形（两次擀卷），铺上桂圆干，将面皮由上往下卷起，松弛5分钟，将面团以切面刀切两刀切成3个，放入吐司模中再发至吐司模八分满，挤上黄油，撒上杏仁粒装饰。

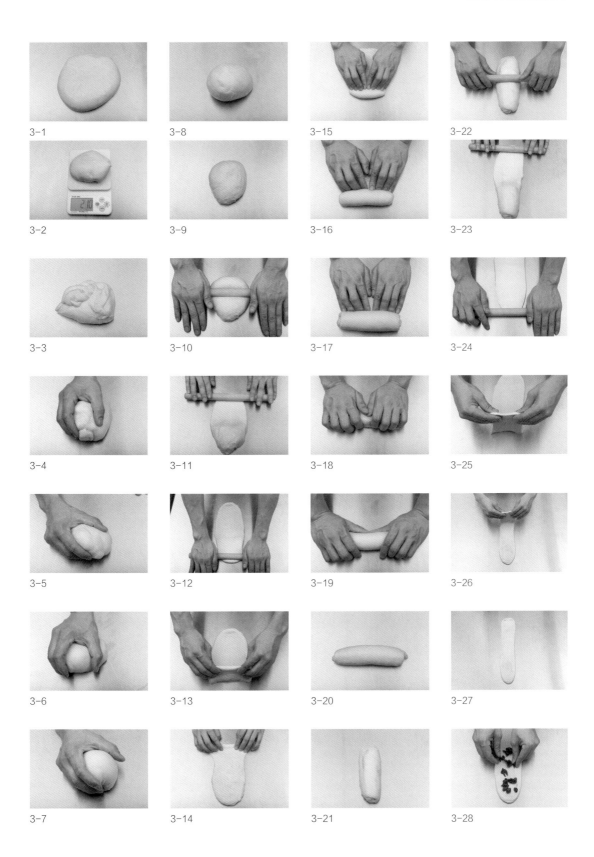

3-1

3-2

3-3

3-4

3-5

3-6

3-7

3-8

3-9

3-10

3-11

3-12

3-13

3-14

3-15

3-16

3-17

3-18

3-19

3-20

3-21

3-22

3-23

3-24

3-25

3-26

3-27

3-28

3-29

3-30

3-31

3-32

3-33

3-34

3-35

3-36

3-37

3-38

3-39

3-40

4.▼

以上火140℃/下火220℃，烤15分钟转向，再烤10分钟即可出炉。

Q&A

桂圆干如何处理？

先将水煮开后离火，加入桂圆干泡 3 ~ 5 分钟后，将桂圆的水分沥干，加入桂圆干重量 5% 的细砂糖搅拌均匀后，再将朗姆酒加入，浸泡备用。

09. 枫糖核桃吐司

　　枫糖是由枫树木质部汁液制成的糖浆，通常会淋在松饼与烤好的吐司上，有时也会在烤面包时作为甜味剂加入。在这里借助面团的两次发酵，并在面团中添加咖啡粉，使得面团有着绵密的口感与浓浓的咖啡香味，搭配浓郁的枫糖内馅，是一款受到众人喜爱的面包。

面团重210克×2＝420克/1条
此配方为5条量

中种面团材料	
高筋面粉	700 克
快发酵母	12.5 克
蛋白	150 克
鲜奶	250 克
中种法	基本发酵 60 分钟
主面团材料	
高筋面粉	300 克
盐	18 克
咖啡粉	15 克
鲜奶	220 克
细砂糖	135 克
奶粉	30 克
老面	250 克
动物性鲜奶油	15 克
黄油	80 克
核桃仁	适量

制作过程与方法

步骤1：中种面团制作

1▾
将高筋面粉放入搅拌缸。

2▾
加入鲜奶、快发酵母和蛋白，以慢速搅拌均匀，再转中速搅拌3分钟成团，取出进行基本发酵。

2-2

2-3

2-5

2-1

2-4

2-6

3▼

基本发酵60分钟。

2▼

将中种面团与高筋面粉、盐、细砂糖、奶粉、冰动物性鲜奶油、老面和咖啡液放入搅拌缸内，慢速搅打成团，再用中速搅打约3分钟。

3-2

4-1

步骤2：主面团制作

1▼

将鲜奶和咖啡粉搅拌均匀成咖啡液备用。

2-1

3-3

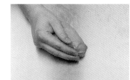

4-2

1-1

2-2

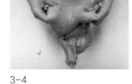

3-4

4-3

1-2

2-3

3-5

4-4

1-3

3▼

用慢速加入黄油搅拌至黄油与面团完全混合均匀，再用中速打至完全扩展，将面团取出整形成团。

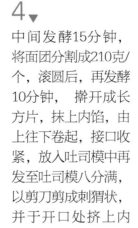

3-1

3-6

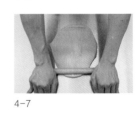

4-5

4▼

中间发酵15分钟，将面团分割成210克/个，滚圆后，再发酵10分钟，擀开成长方片，抹上内馅，由上往下卷起，接口收紧，放入吐司模中再发至吐司模八分满，以剪刀剪成刺猬状，并于开口处挤上内馅，撒上适量核桃仁。

4-6

4-7

4-8

4-15

4-9

4-16

4-10

5.▼

以上火130℃/下火
220℃， 烤25分钟
后转向， 改为上火
130℃/下火210℃,
再烤13分钟后即可
出炉。

4-11

4-12

4-13

4-14

内馅制作

枫糖核桃仁内馅

内馅材料

意大利枫糖100%	130 克
奶油奶酪	500 克
生核桃仁	150 克
焦糖浆	50 克

1 ▾
将生核桃仁烤熟放凉备用。

2 ▾
将奶油奶酪放入搅拌缸打软，再依序加入焦糖浆、枫糖搅拌均匀，最后加入熟核桃仁搅拌均匀即可。

2-1

2-3

2-2

2-4

焦糖浆

细砂糖	200 克
水	90 克
鲜奶	100 克

● 做法
将细砂糖加水煮至焦化，加入热鲜奶即可。

10. 阿法吐司

　　这款吐司用不带盖的吐司模烘烤，在英国这类山形吐司又被称为"教堂祈祷室"，酥脆的外表深受当地人的喜爱。近年来这类吐司的变化越来越多了，利用不带盖的吐司模，烤出了酥脆外表与小麦香味。

面团重190克×3 = 570克/1条
此配方为3条量

材料

材料	
法国面粉	1000 克
细砂糖	50 克
盐	20 克
奶粉	20 克
冰水	630 克
快发酵母	6 克
老面	200 克
黄油	50 克

制作过程与方法

1.
将快发酵母与冰水
搅拌均匀。

2.
将法国面粉、细砂
糖、盐、奶粉、老
面和冰酵母水放入
搅拌缸，用慢速搅
拌成团，更换中速
搅拌3分钟，换慢速，
加入黄油搅拌至完
全均匀，再换中速
搅拌至完全扩展，
将面团取出整形成
团。

2-1

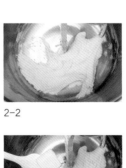

2-2

2-3

2-4

2-5

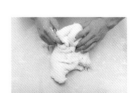

2-6

2-7

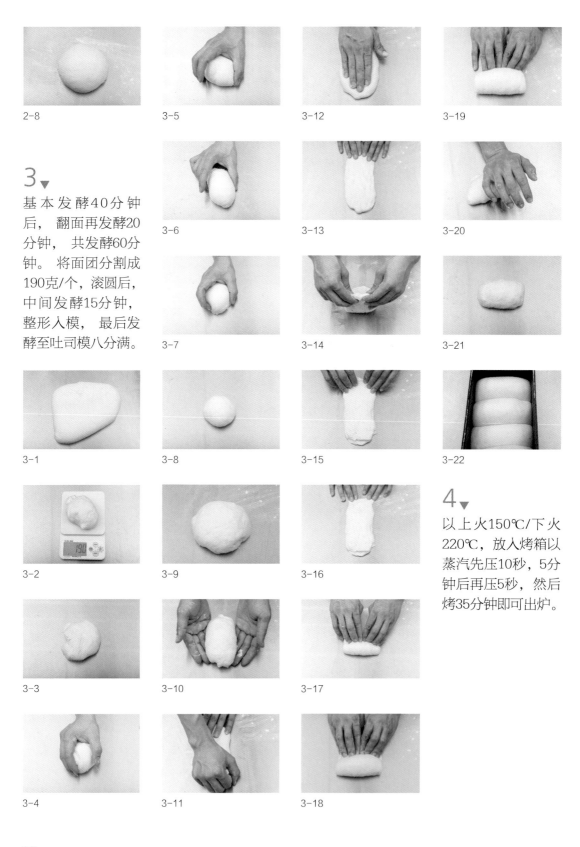

2-8

3-5

3-12

3-19

3▼

基本发酵40分钟后，翻面再发酵20分钟，共发酵60分钟。将面团分割成190克/个，滚圆后，中间发酵15分钟，整形入模，最后发酵至吐司模八分满。

3-6

3-13

3-20

3-7

3-14

3-21

3-1

3-8

3-15

3-22

4▼

以上火150℃/下火220℃，放入烤箱以蒸汽先压10秒，5分钟后再压5秒，然后烤35分钟即可出炉。

3-2

3-9

3-16

3-3

3-10

3-17

3-4

3-11

3-18

利用不带盖的吐司模，烤出外表酥脆且带有小麦香味的吐司。

breads

原麦面包
实践范例

11. 法式玫瑰皇冠面包

柔软的面包与滑顺的蔓越莓奶酪内馅搭配，借由鲁邦菌种的力道，来提高面坯的饱满度，让面包的口感更有弹性，这款面包有着淡淡的玫瑰香与小麦的香味，从开发至今一直受客人的喜爱。

面团重量50克x5＝250克/1个
此配方为4个量

材料	
高筋面粉	350
玫瑰粉	150 克
快发酵母	7 克
细砂糖	35 克
盐	5 克
冰水	300 克
黄油	30 克
啤酒种	120 克

制作过程与方法

1▼

将快发酵母与冰水搅拌均匀。

2▼

将高筋面粉、玫瑰粉、酵母水、细砂糖、盐、啤酒种放入搅拌缸，用慢速搅拌1分钟后，换中速搅拌3分钟。

2-1

2-2

2-3

3▼

将黄油放入面团中，用慢速搅拌至黄油完全被面团吸收后，换中速搅拌至完全扩展，将面团取出整形成团。

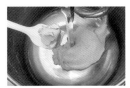

3-1

3-2

3-3

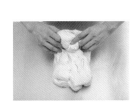

3-4

3-5

103

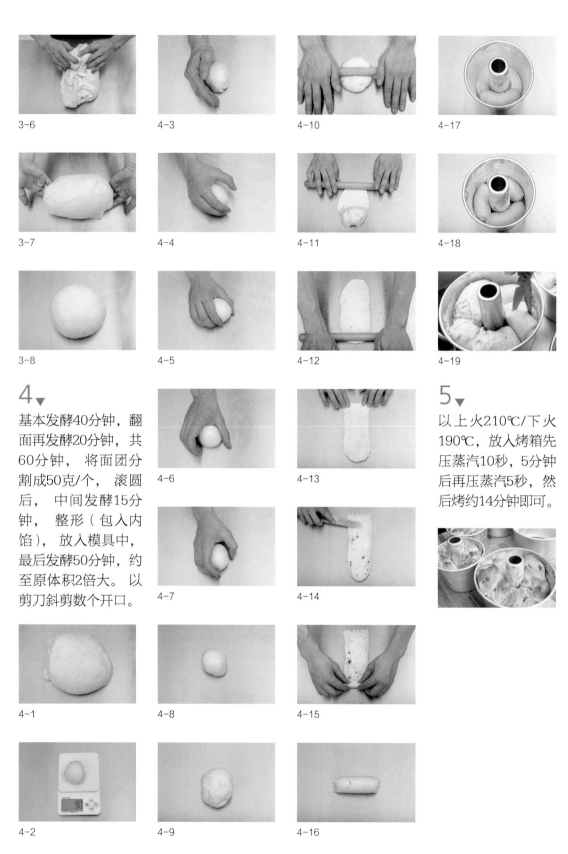

3-6

4-3

4-10

4-17

3-7

4-4

4-11

4-18

3-8

4-5

4-12

4-19

4▼

基本发酵40分钟，翻面再发酵20分钟，共60分钟，将面团分割成50克/个，滚圆后，中间发酵15分钟，整形（包入内馅），放入模具中，最后发酵50分钟，约至原体积2倍大。以剪刀斜剪数个开口。

4-6

4-13

5▼

以上火210℃/下火190℃，放入烤箱先压蒸汽10秒，5分钟后再压蒸汽5秒，然后烤约14分钟即可。

4-7

4-14

4-1

4-8

4-15

4-2

4-9

4-16

内馅制作

乳酪蔓越莓内馅

内馅材料

奶油奶酪	500 克
泡酒蔓越莓干	80 克
炼乳	30 克
橙酒	20 克

先将奶油奶酪放入搅拌机，再依序加入泡过酒的蔓越莓干、炼乳、橙酒以慢速搅打约1分钟，换中速搅拌约2分钟至均匀。

2

4

5

3

● 将水煮开后离火，加入蔓越莓干泡 3 ~ 5 分钟后，将水分沥干，加入蔓越莓重量 5% 的细砂糖搅拌均匀后，再将橙酒加入浸泡备用。

12. 法可奇

近年来欧包的变化越来越多，法可奇也是其中之一。利用罗勒叶与
乳酪片使得面坯具有特殊性风味，给面包的风味带来了生命力。

面团重450克/个
此配方为4个量

面团材料	
法国面粉	1200 克
快发酵母	12 克
冰水	700 克
橄榄油	75 克
海盐	18 克
细砂糖	20 克
蜂蜜	2 克
内馅材料	
新鲜罗勒叶	适量
橄榄油	适量
乳酪片	2 片

制作过程与方法

1.▼
将快发酵母与冰水
搅拌均匀。

2.▼
将法国面粉、海盐、
细砂糖、蜂蜜、橄榄
油、酵母水放入搅拌
缸，先用慢速搅拌2
分钟，再用中速搅拌
至完全扩展，将面团
取出整形成团。

2-1

2-2

2-4

2-5

2-6

2-7

2-3

3 ▼

基本发酵40分钟，翻面再发酵20分钟，共60分钟，将面团分割成450克/个，滚圆后，中间发酵15分钟，整形（压平抹橄榄油，平铺罗勒叶与乳酪片，卷成卷），最后发酵约50分钟，约至原体积2倍大。

3-6

3-13

3-7

3-14

3-1

3-8

3-15

4 ▼

在帆布推进器上撒面粉，轻柔地将面团移至帆布上，以割纹刀浅划纹路，并撒上罗勒叶装饰。以上火210℃/下火200℃，喷蒸汽压10秒，5分钟后再压5秒，然后烤25分钟即可出炉。

4-1

3-2

3-9

3-16

4-2

3-3

3-10

3-17

4-3

3-4

3-11

3-18

4-4

3-5

3-12

3-19

13. 坚果面包

　　近几年来民众对欧包的需求越来越大，让我对制作欧包的想法更多元化。这款坚果面包是用超高筋面粉制作的，再加上鲁邦硬种，为面包带来了软弹的口感，较符合喜欢吃软欧包的人的口味。搭配着大量的坚果，使得这款面包更具有独特的风味。

面团重380克/个
此配方为2个量

材料	
高筋面粉	180 克
超高筋面粉	20 克
海盐	6.6 克
细砂糖	38 克
鲁邦硬种	380 克
快发酵母	2.8 克
冰水	110 克
动物性鲜奶油	10 克
朗姆酒	10 克
黄油	24 克
泡酒葡萄干	8 克
生核桃仁	8 克
腰果	8 克
乳酪丁	少许

制作过程与方法

1▼

将冰水与快发酵母搅拌均匀。

2▼

将高筋面粉、超高筋面粉、海盐、细砂糖、鲁邦硬种、酵母水、动物性鲜奶油放入搅拌缸内，用慢速搅拌2分钟（在搅拌的同时加入朗姆酒），换中速搅拌2分钟成微光滑状。

2-1

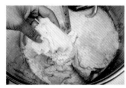

2-2

2-3

3▼

换慢速将黄油加入面团中搅拌均匀，然后换中速搅拌至完全扩展。

4▼

再换慢速，加入泡酒葡萄干、生核桃仁、腰果搅拌均匀。

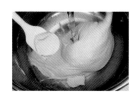

4-1

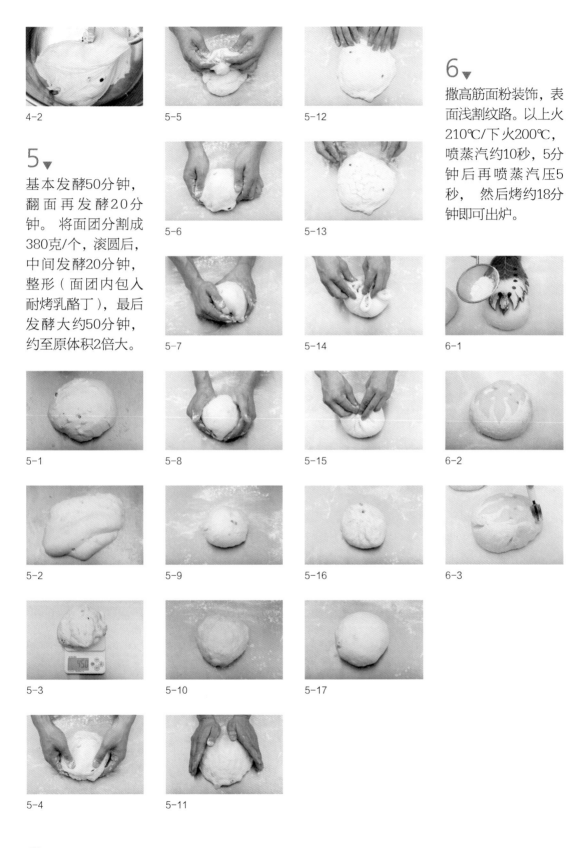

4-2

5▾

基本发酵50分钟，翻面再发酵20分钟。将面团分割成380克/个，滚圆后，中间发酵20分钟，整形（面团内包入耐烤乳酪丁），最后发酵大约50分钟，约至原体积2倍大。

5-5

5-6

5-7

5-12

5-13

5-14

6▾

撒高筋面粉装饰，表面浅割纹路。以上火210℃/下火200℃，喷蒸汽约10秒，5分钟后再喷蒸汽压5秒，然后烤约18分钟即可出炉。

5-1

5-2

5-3

5-8

5-9

5-10

5-15

5-16

5-17

6-1

6-2

6-3

5-4

5-11

Q&A

制作坚果面包需要特别注意什么?

- 生核桃仁与腰果先用上下火 170℃烤熟,但勿烤太过(烤过头容易产生苦涩味与焦味)。

- 先将水煮开后离火,加入葡萄干泡3 ~ 5分钟后将葡萄的水分沥干,加入葡萄干重量 5% 的细砂糖搅拌均匀后,再将朗姆酒加入浸泡备用。

- 泡酒葡萄干最好前一天就开始准备,浸泡一夜后比较入味。

14. 蔓越莓鹰嘴豆面包

树豆是阿美族的传统佳肴，它的嫩荚果营养价值高，而豆荚内种仁富含蛋白质、脂肪、碳水化合物、纤维素、矿物质等，可当毛豆的代用品。鹰嘴豆又名"埃及豆"，盛产于非洲、西班牙和印度，含有丰富膳食纤维与维生素C，可帮助消化，而且所含的植物性蛋白质也是素食者蛋白质的最佳来源。现代人越来越讲求养生，我不断地在想要如何将一些好的食材加入面包里面，于是尝试着将鹰嘴豆与树豆加入面包中，来增加面包的风味，再加上其绵密软弹的口感，是一款深受客人喜爱的面包。

面团重400克/个
此配方为2个量

材料	
高筋面粉	160 克
杜兰小麦粉	40 克
细砂糖	30 克
海盐	2 克
鲁邦硬种	360 克
快发酵母	2.8 克
冰水	105 克
樱桃酒	20 克
黄油	24 克
葵花籽	26 克
南瓜籽	26 克
泡酒蔓越莓	84 克
树豆	30 克
鹰嘴豆	适量

制作过程与方法

1▾

将树豆先浸泡一天，再用电饭锅煮熟，最后加入树豆重量5%的细砂糖。

1-1

1-2

2▾

将高筋面粉、杜兰小麦粉、海盐、细砂糖、鲁邦硬种、冰水、樱桃酒放入搅拌缸内，用慢速搅拌2分钟（在搅拌的同时慢慢加入快发酵母），然后换中速搅拌2分钟成微光滑状。

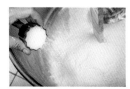

2-2

2-3

2-1

2-4

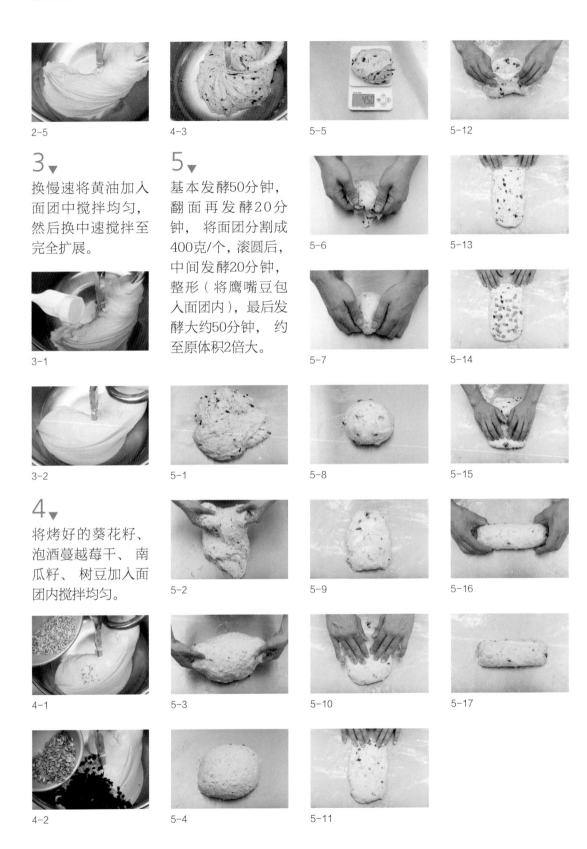

2-5

4-3

5-5

5-12

3.▼

换慢速将黄油加入面团中搅拌均匀，然后换中速搅拌至完全扩展。

3-1

3-2

4.▼

将烤好的葵花籽、泡酒蔓越莓干、南瓜籽、树豆加入面团内搅拌均匀。

4-1

4-2

5.▼

基本发酵50分钟，翻面再发酵20分钟，将面团分割成400克/个，滚圆后，中间发酵20分钟，整形（将鹰嘴豆包入面团内），最后发酵大约50分钟，约至原体积2倍大。

5-1

5-2

5-3

5-4

5-6

5-7

5-8

5-9

5-10

5-11

5-13

5-14

5-15

5-16

5-17

6▼

撒高筋面粉装饰，表面浅割纹路。以上火210℃/下火190℃，喷蒸汽约10秒，5分钟后再喷蒸汽压5秒，然后烤约18分钟即可出炉。

6-1

6-2

Q&A

制作蔓越莓鹰嘴豆面包需要特别注意什么？

● 葵花籽与南瓜籽先用上下火 170℃烤熟，勿烤过熟（烤过头容易产生苦涩味与焦味）。

● 先将水煮开后离火，加入蔓越莓干泡 3～5 分钟后，将蔓越莓干的水分沥干，加入蔓越莓干重量 5% 的细砂糖搅拌均匀后，再将朗姆酒加入浸泡备用。

● 鹰嘴豆先用清水洗净后，用电饭锅煮软，再加入鹰嘴豆重量 5% 的细砂糖。

● 泡酒蔓越莓干最好前一天准备，浸泡一夜后比较入味。

● 鹰嘴豆最好前一天先煮软准备，这样鹰嘴豆比较容易入味。

15. 葡萄酒桂圆面包

　　我常跟一些年纪较大的客人聊天，听他们说欧包好硬很难入口，我开始想如何让这款欧包能让大家都能接受，于是试着在面坯里放入葡萄酒，来使面筋软化，这样做成的面包中带有葡萄酒的香味与桂圆的甜味，口感柔软与弹度兼具，带有欧包的风味，这款面包在店里也是一款超人气商品。

面团重450克/个
此配方为2个量

材料	
高筋面粉	180 克
超高筋面粉	20 克
细砂糖	20 克
玫瑰盐	8 克
鲁邦硬种	340 克
快发酵母	3 克
纯蜂蜜	12 克
冰水	64 克
葡萄酒	46 克
黄油	26 克
泡酒桂圆	94 克
核桃	94 克

制作过程与方法

1▾

将高筋面粉、超高筋面粉、细砂糖、玫瑰盐、葡萄酒、纯蜂蜜、鲁邦硬种、冰水放入搅拌缸内，用慢速搅拌2分钟（在搅拌的同时慢慢加入快发酵母），然后换中速搅拌2分钟成微光滑状。

1-1

1-2

1-3

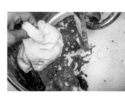

1-4

1-5

2▾

换慢速将黄油加入面团中搅拌均匀，然后换中速搅拌至完全扩展。

2-1

2-2

3▼

将烤好的泡酒桂圆干与核桃加入面团内，以慢速搅拌均匀，将面团取出整形成团。

3-1

3-2

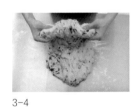

3-3

3-4

3-5

3-6

3-7

3-8

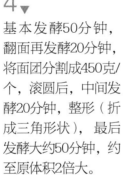

3-9

4▼

基本发酵50分钟，翻面再发酵20分钟，将面团分割成450克/个，滚圆后，中间发酵20分钟，整形（折成三角形状），最后发酵大约50分钟，约至原体积2倍大。

4-1

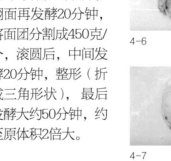

4-2

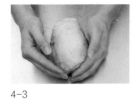

4-3

4-4

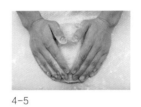

4-5

4-6

4-7

4-8

4-9

4-10

4-11

4-12

4-13

4-14

4-15

4-16

5.▼

表面撒高筋面粉装饰，以割纹刀浅割纹路。以上火210℃/下火190℃，喷蒸汽约10秒，5分钟后再喷蒸汽压5秒，然后烤约18分钟即可出炉。

5-1

5-2

5-3

Q&A

制作葡萄酒桂圆面包需要特别注意什么？

- 生核桃先用上下火170℃烤熟，勿烤过熟（烤过头容易产生苦涩味与焦味）。

- 先将水煮开后离火，加入桂圆干泡3～5分钟后，将桂圆干的水分沥干，加入桂圆干重量5%的细砂糖搅拌均匀后，再将葡萄酒加入浸泡备用。

16. 亚麻籽法式软面包

据说亚麻是自然界中亚麻酸含量最高的植物，亚麻籽又称"草原鱼油"，其含高质量易消化的完全蛋白质，包含维持人体健康的氨基酸，这些氨基酸人体无法自行制造，必须从饮食摄取，于是将亚麻籽运用在法式软面包里面，不仅增加营养，还能增加面坯的风味。

面团重172克/个
此配方为6个量

材料	
高筋面粉	450 克
低筋面粉	50 克
盐	5 克
细砂糖	50 克
奶粉	15 克
葵花籽	50 克
亚麻籽（多准备一些用于表面蘸取）	40 克
快发酵母	8 克
老面	100 克
鲜奶	255 克
动物性鲜奶油	25 克
黄油	40 克

制作过程与方法

1 ▼

将高筋面粉、低筋面粉、盐、细砂糖、奶粉、葵花籽、亚麻籽、老面、鲜奶、动物性鲜奶油放入搅拌缸内，用慢速搅拌2分钟（在搅拌的同时慢慢加入快发酵母），然后换中速搅拌2分钟成微光滑状。

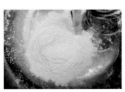

1-1

1-2

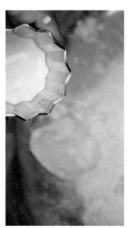

1-3

1-4

2 ▼

换慢速将黄油加入面团中搅拌均匀，然后换中速搅拌至完全扩展。将面团取出整形成团。

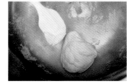

2-1

2-2

3 ▼

基本发酵50分钟，翻面再发酵20分钟，将面团分割成172克/个，滚圆后，中间发酵20分钟，整形（表面蘸亚麻籽），最后发酵大约50分钟，约至原体积2倍大。

3-1

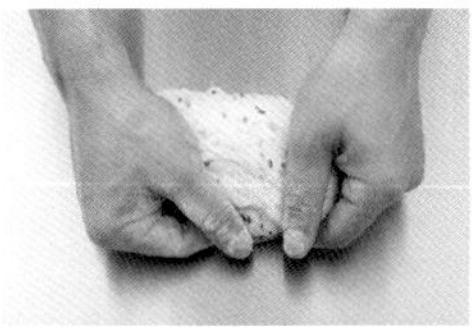

3-2

3-3

3-4

3-5

3-6

3-7

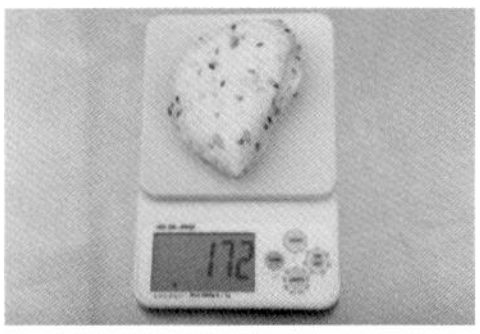

3-8

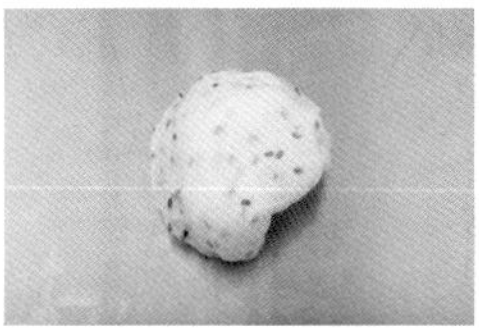

3-9

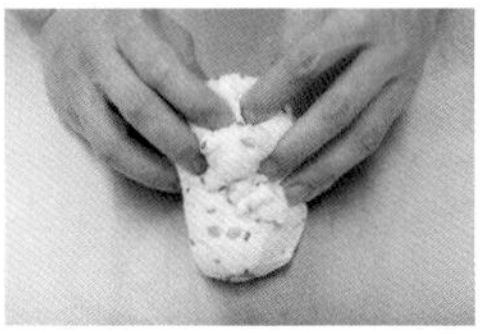

3-10

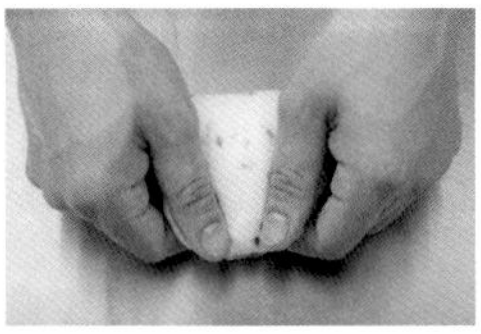

3-11

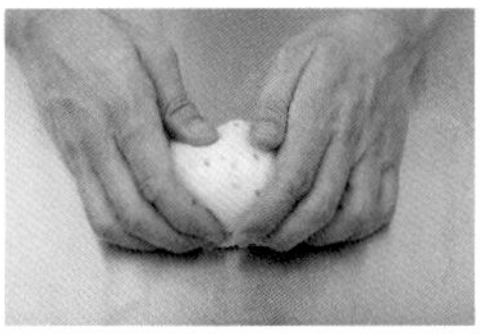

3-12

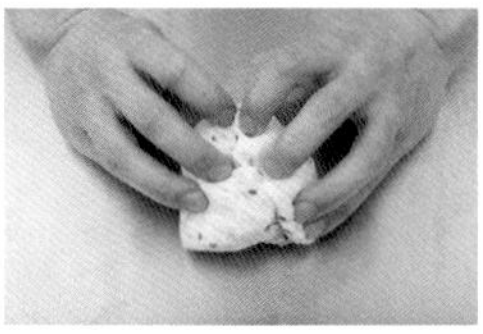

3-13

3-14

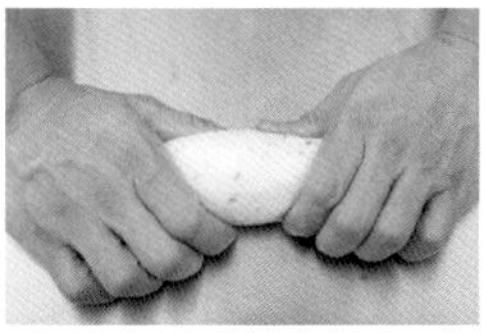

3-15

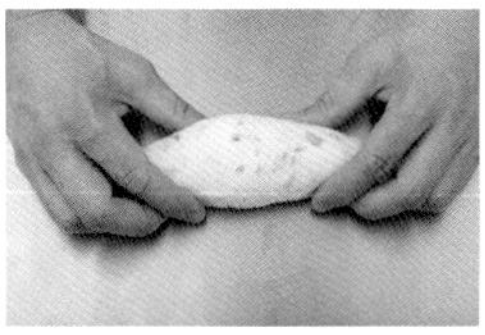

3-16

3-17

3-18

3-19

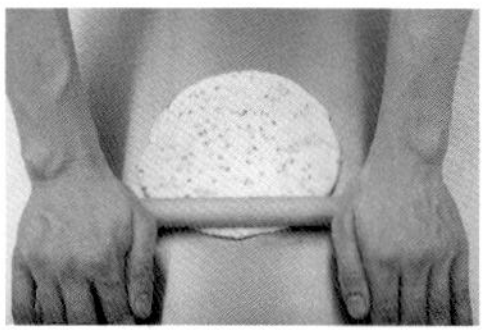

3-20

3-21

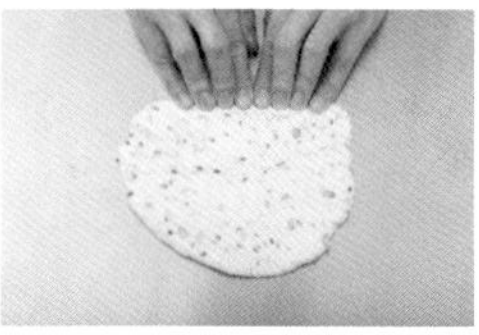

3-22

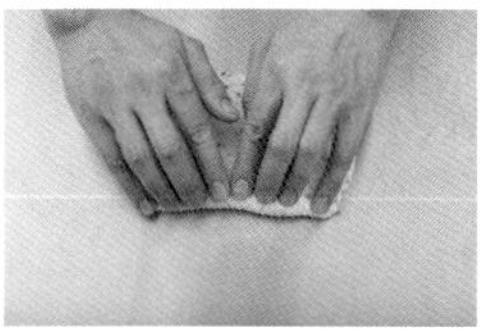

3-23

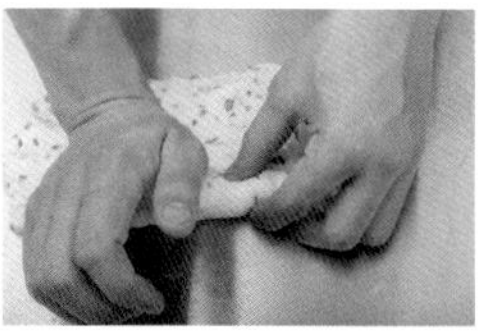

3-24

3-25

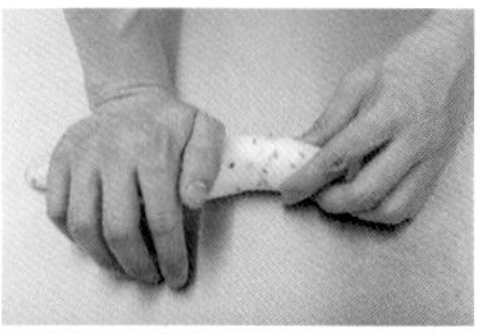

3-26

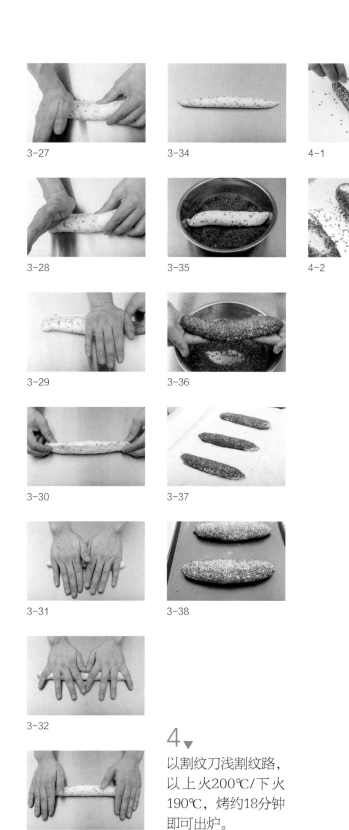

3-27

3-28

3-29

3-30

3-31

3-32

3-33

3-34

3-35

3-36

3-37

3-38

4-1

4-2

4▼

以割纹刀浅割纹路，以上火200℃/下火190℃，烤约18分钟即可出炉。

将亚麻籽运用在法式软面包里面，来增加面坯的风味。

17. 糙米埃德尔面包

　　糙米是稻米脱壳后的米，保留了粗糙的外层（包含皮层、糊粉层和胚芽）。糙米磨去外层可以制得白米，因为糙米保存了较完整的稻米营养，富含蛋白质、脂质、纤维及维生素B_1等，所以是比白米更健康的食物。但糙米口感较硬，烹调也需要更长时间。从开发面包到现在，糙米埃德尔是我理想中的面包，吃到它就像是吃到柔软的米饭似的，不像一般面包那么有嚼劲。它是我放下面包该有的配比与想法，自由发挥创造出的一款米面包，有着糙米香味，吃起来柔软中带着酥脆的表皮，虽然制作过程较繁杂，但我相信这款面包能更加丰富你餐桌上的每一天。

面团重400克/个
此配方为3个量

材料	
高筋面粉	500 克
快发酵母	6 克
细砂糖	30 克
盐	6 克
奶粉	10 克
鲁邦种	100 克
熟糙米	250 克
冰水	250 克
松子	25 克
生核桃仁	25 克

制作过程与方法

1 ▾

将生核桃仁、松子先用上下火170℃烤熟，但勿烤过熟（生核桃与松子两者烤焙时间不一样，核桃仁大约烤10分钟，松子大约烤6分钟，烤过度容易产生苦涩味与焦味）。

2 ▾

将高筋面粉、熟糙米、快发酵母、盐、细砂糖、奶粉、鲁邦种和冰水放入搅拌缸内用慢速搅拌2分钟，然后换中速搅拌至完全扩展。

2-2

2-1

2-3

2-4

3▾

将烤好的核桃仁、松子加入面团内以慢速搅拌均匀，将面团取出整形成团。

4-2

4-9

4-16

3-1

4-3

4-10

4-17

3-2

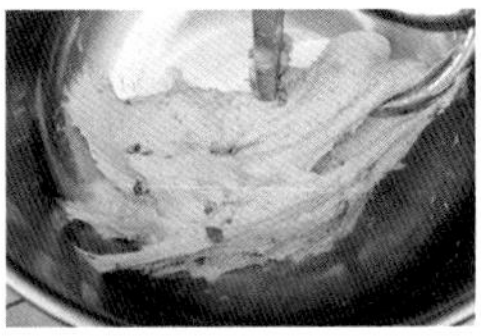

4-4

4-11

4-18

3-3

4-5

4-12

4-19

4▾

基本发酵50分钟，翻面再发酵20分钟，将面团分割成400克/个，滚圆后，中间发酵20分钟，如图整形，最后发酵大约50分钟，约至原体积2倍大。表面以割纹刀浅割纹路，撒上高筋面粉装饰。

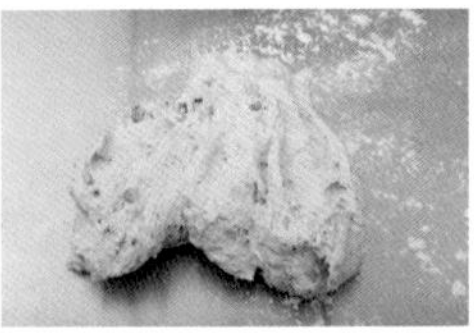

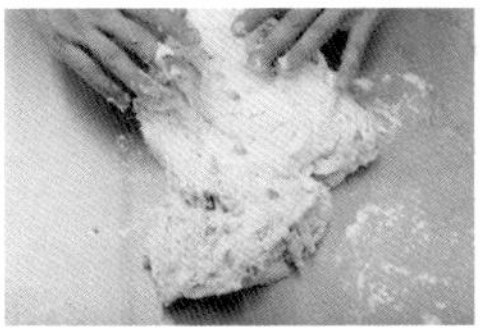

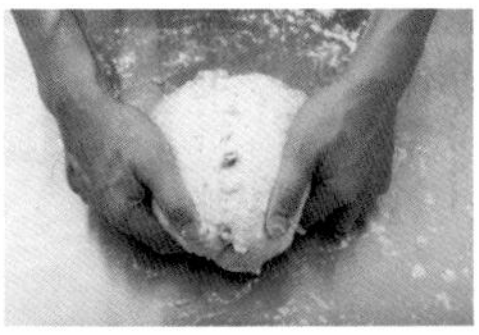

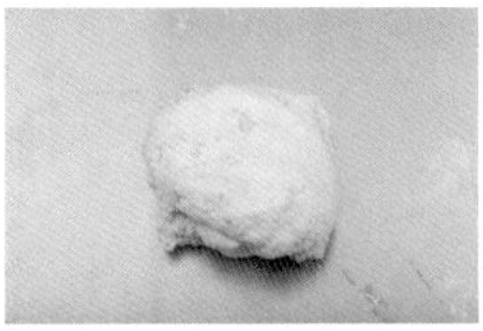

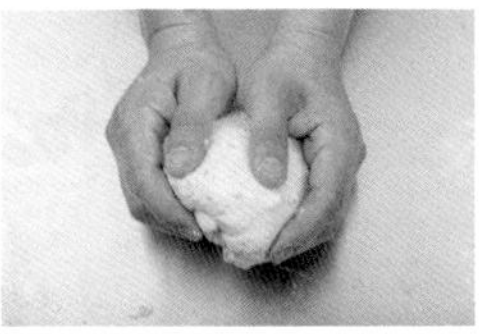

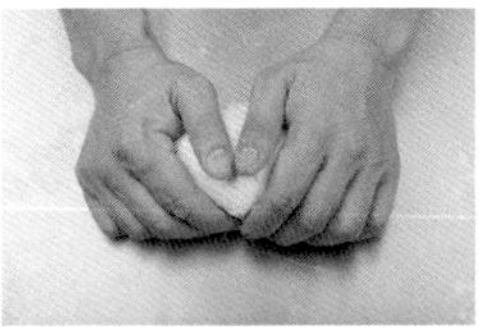

4-6

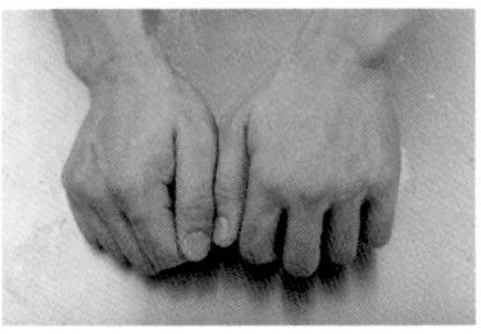

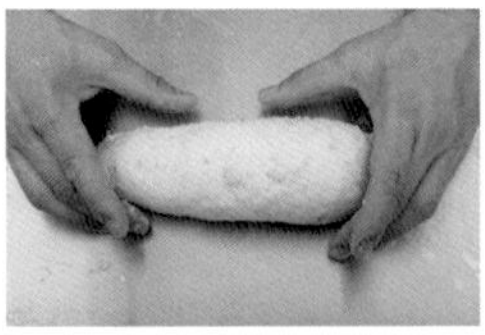

4-13

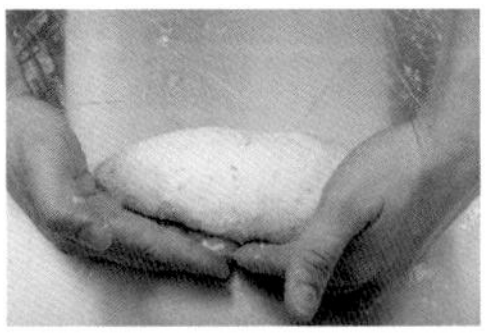

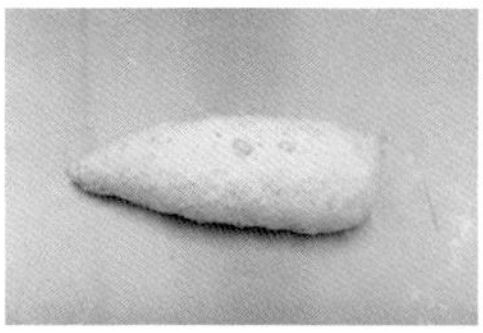

4-20

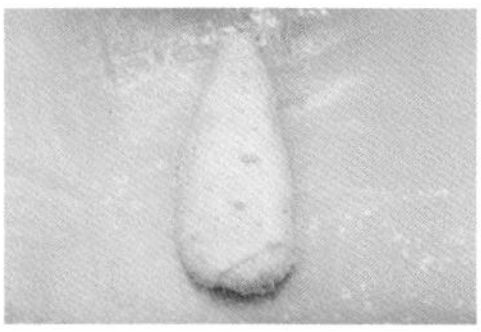

4-7

4-14

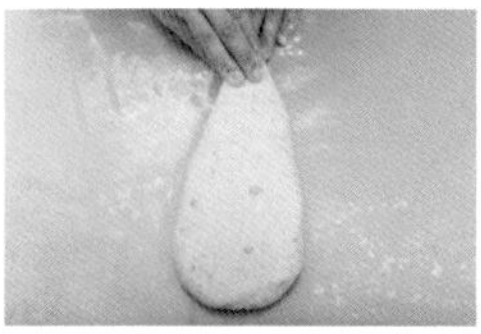

4-21

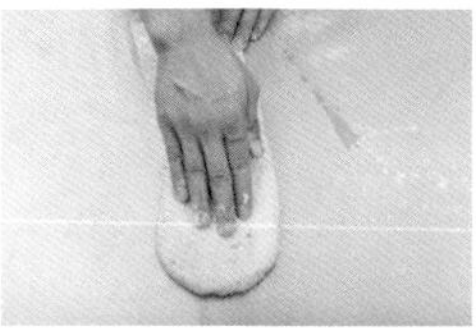

4-1

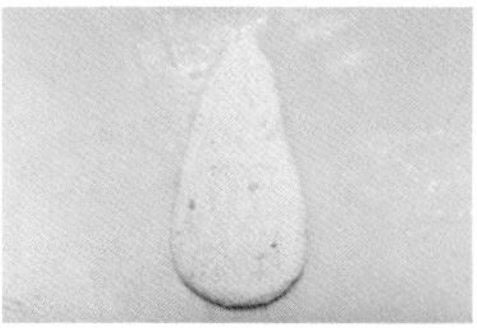

4-8

4-15

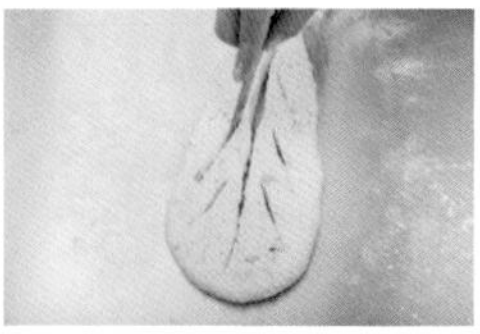

4-22

4-23

5▾

以上火210℃/下火
190℃，喷蒸汽约10
秒，5分钟后再喷蒸
汽压5秒，然后烤约
18分钟即可出炉。

18. 烤恩面包

　　烤恩是一款结合了多种坚果与谷物的杂粮粉。将五谷杂粮磨成粉，再加上坚果与亚麻籽拌在一起的烤恩杂粮粉，有着独特的风味与高营养价值，它富含蛋白质、膳食纤维、维生素、钙、铁等。所含的粗纤维是一般面包的7倍，外皮酥脆、内部松软，很适合需要高纤维饮食的现代人。

面团重400克/个
此配方为3个量

材料	
高筋面粉	525 克
杂粮粉	155 克
快发酵母	13 克
盐	14 克
细砂糖	20 克
老面	125 克
冰水	425 克
泡酒葡萄干	适量

制作过程与方法

1▾

将杂粮粉用调理机打成细粉。（杂粮粉磨细后较易于吸收水分，面团不易软烂，烤出来的面包保湿度更佳）

2▾

将高筋面粉、杂粮粉、快发酵母、盐、细砂糖、老面和冰水放入搅拌缸内用慢速搅拌2分钟，然后换中速搅拌至完全扩展。

2-1

2-2

2-3

2-4

2-5

2-6

3▾

用慢速将泡酒葡萄干加入面团中搅拌拌匀，将面团取出整形成团。

4▾

基本发酵40分钟，翻面再发酵20分钟，将面团分割成400克/个，滚圆后，中间发酵15分钟，再将每个面团切割成340克和60克，分别滚圆、整形（60克面团再分割成3小个，一个重20克，搓长编成辫子，将辫子绕在340克面团上），最后发酵大约40分钟，约至原体积2倍大。表面撒上高筋面粉装饰，以割纹刀浅割纹路。

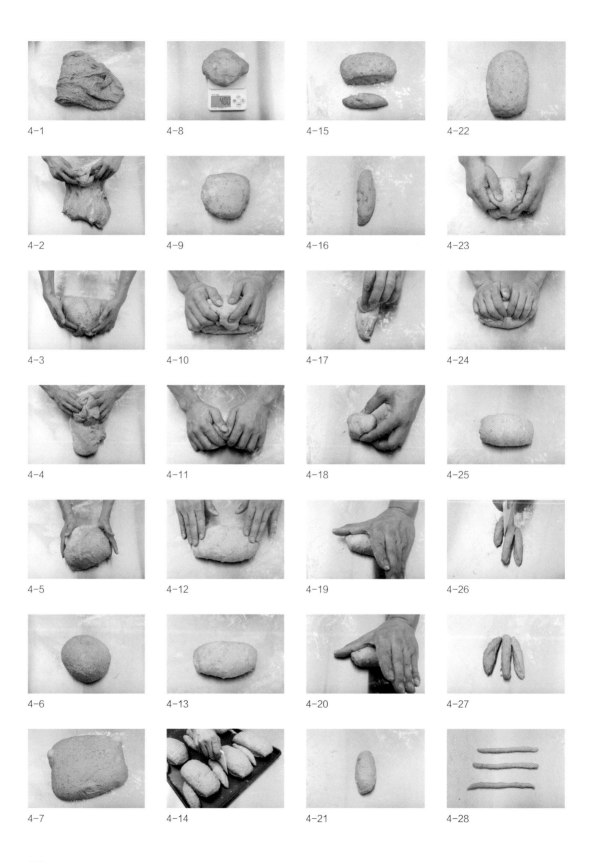

4-1

4-2

4-3

4-4

4-5

4-6

4-7

4-8

4-9

4-10

4-11

4-12

4-13

4-14

4-15

4-16

4-17

4-18

4-19

4-20

4-21

4-22

4-23

4-24

4-25

4-26

4-27

4-28

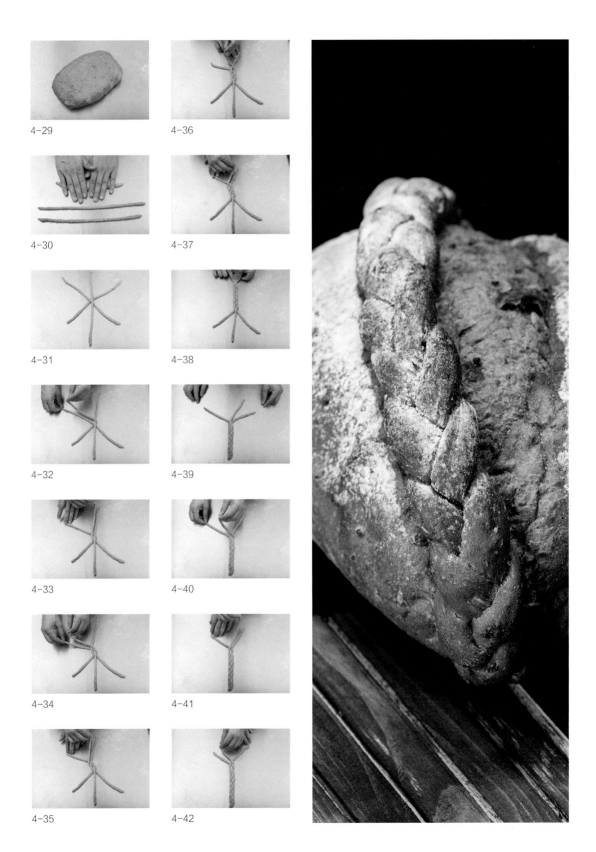

4-29

4-30

4-31

4-32

4-33

4-34

4-35

4-36

4-37

4-38

4-39

4-40

4-41

4-42

4-43

4-50

4-44

5▼

以上火210℃/下火190℃，喷蒸汽约10秒，5分钟后再喷蒸汽压5秒，然后烤约18分钟即可出炉。

4-45

4-46

4-47

Q&A

葡萄干如何处理?

- 将水煮开后离火，加入葡萄干浸泡 3 ~ 5 分钟后将水分沥干，加入葡萄干重量 5% 的细砂糖搅拌均匀后，再将朗姆酒加入浸泡备用。
- 泡酒葡萄干最好前一天先准备，比较入味。

4-48

4-49

葡萄干泡热水

19. 巧克力布里欧修面包

这款是借助乳酪丁、奶酥馅以及巧克力原本的香气，创造出的一种
新奇的风味面包。

面团重350克/个
此配方为3个量

材料	
高筋面粉	500 克
可可粉	35 克
快发酵母	5.5 克
盐	7 克
细砂糖	55 克
奶粉	15 克
老面	100 克
冰水	340 克
黄油	40 克
水滴形巧克力	75 克
高熔点乳酪丁	适量
奶酥馅	适量

制作过程与方法

1 ▼

将高筋面粉、可可粉、快发酵母、盐、细砂糖、奶粉、老面和冰水放入搅拌缸内，用慢速搅拌2分钟，然后换中速搅拌2分钟成微光滑状。

1-2

1-5

1-8

1-3

1-6

1-9

1-1

1-4

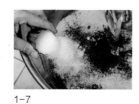
1-7

2▾

换慢速将黄油加入面团中，搅拌均匀，再换中速搅拌至完全扩展。

3-2

3-9

3-16

2-1

3-3

3-10

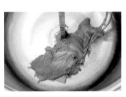

3-17

2-2

3-4

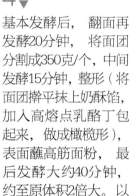

3-11

4▾

基本发酵后，翻面再发酵20分钟，将面团分割成350克/个，中间发酵15分钟，整形（将面团擀平抹上奶酥馅，加入高熔点乳酪丁包起来，做成橄榄形），表面蘸高筋面粉，最后发酵大约40分钟，约至原体积2倍大。以割纹刀从中间划开。

2-3

3-5

3-12

3▾

将水滴形巧克力加入面团中，以折切的方式将巧克力混入面团中（水滴形巧克力称好后先冷藏，避免加入面团后液化粘手难操作），滚圆后进行40分钟基本发酵。

3-6

3-13

4-1

3-7

3-14

4-2

3-1

3-8

3-15

4-3

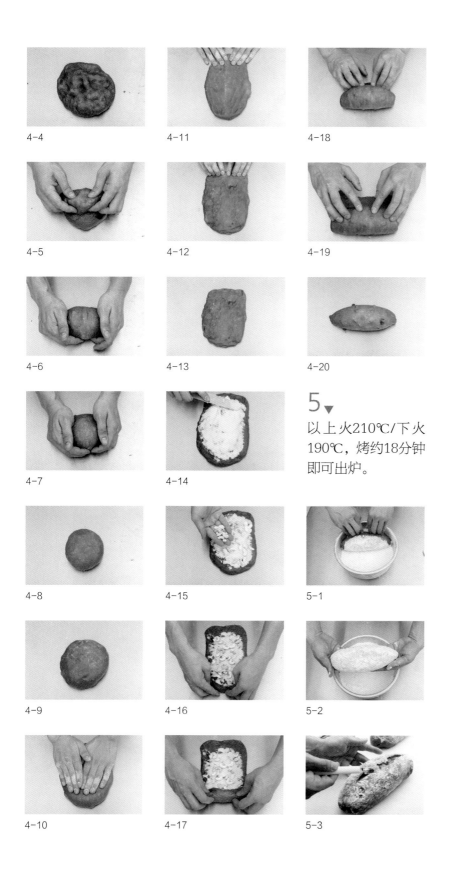

4-4

4-11

4-18

4-5

4-12

4-19

4-6

4-13

4-20

4-7

4-14

5.▼
以上火210℃/下火
190℃，烤约18分钟
即可出炉。

4-8

4-15

5-1

4-9

4-16

5-2

4-10

4-17

5-3

内馅制作

奶酥馅

内馅材料	
糖粉	104 克
黄油	127 克
奶粉	371 克
盐	2 克
全蛋	1 个
鲜奶	16 克

先将黄油、糖粉、盐用慢速搅打均匀，再换中速打发，打发后加入全蛋、鲜奶搅打均匀，换慢速加入奶粉搅打均匀即可（加鲜奶的作用是调节软硬度）。

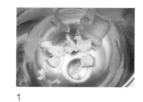
1

5

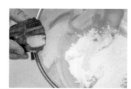
2

6

Q&A

3

7

制作巧克力布里欧修要注意什么？

- 巧克力布里欧修由可可粉与乳酪丁结合制成，再抹上薄薄的奶酥馅，面团经由蒸汽烤箱烘烤后，面坯的内部结构湿润松软。
- 高温烤焙，进出炉要快，这样才能使得面包皮脆内软。

4

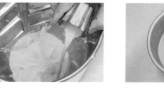
8

20. 俄罗斯面包

这是运用黑麦粉与麸皮结合成的一款俄罗斯面包，可搭配黑糖块内馅，使得面包更具有焦糖的香味，或是烘烤出炉后抹上咸黄油，衬托出面包的原始麦香味。

面团重300克/个
此配方为3个量

材料	
高筋面粉	350 克
低筋面粉	50 克
麸皮粉	25 克
黑麦粉	75 克
快发酵母	5 克
黑糖（多备出一些卷在面团里）	75 克
盐	8 克
冰水	313 克
黄油	30 克
核桃仁	50 克

制作过程与方法

1 ▼
将高筋面粉、低筋面粉、麸皮粉、黑麦粉、快发酵母、盐、黑糖和冰水放入搅拌缸内，用慢速搅拌2分钟，然后换中速搅拌2分钟成微光滑状。

2 ▼
换慢速将黄油加入面团中搅拌均匀，再转中速搅拌至完全扩展。

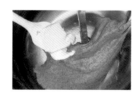

3 ▼
将核桃仁加入面团内以慢速搅拌均匀，即可将面团取出整形成团。

4 ▼
基本发酵40分钟，翻面再发酵20分钟，将面团分割成300克/个，滚圆后，中间发酵15分钟，整形（面团擀平，铺上黑糖，卷起做成橄榄形），最后发酵大约40分钟，约至原体积2倍大。

4-1

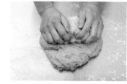
4-2

4-3

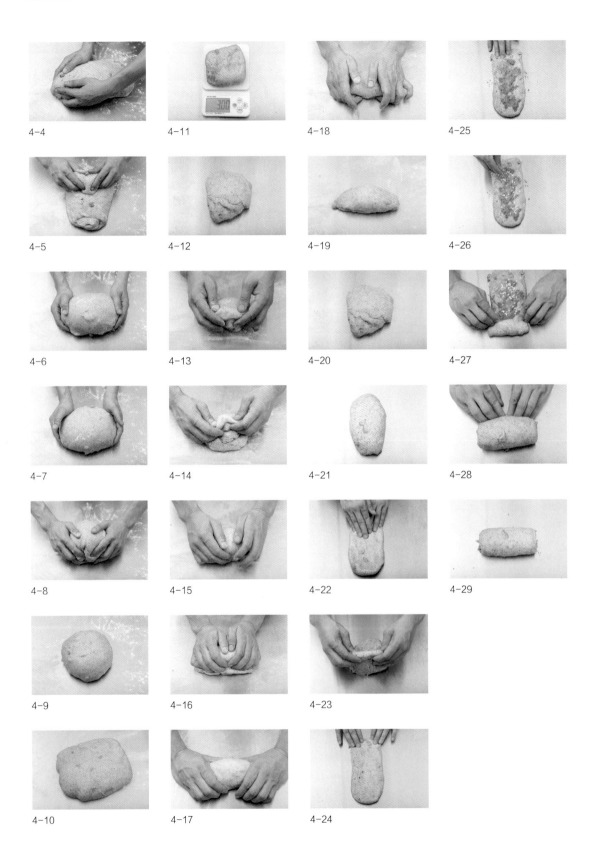

4-4

4-11

4-18

4-25

4-5

4-12

4-19

4-26

4-6

4-13

4-20

4-27

4-7

4-14

4-21

4-28

4-8

4-15

4-22

4-29

4-9

4-16

4-23

4-10

4-17

4-24

5 ▼

发酵完成后，表面撒高筋面粉装饰，以割纹刀浅割5条直线。以上火210℃/下火190℃，喷蒸汽约10秒，5分钟后再喷蒸汽压5秒，然后烤约18分钟即可出炉。

5-1

5-2

有着外酥内软的口感，配上咸黄油，让人赞不绝口。

21. 青酱意式夏巴塔面包

在夏巴塔面团里面加入橄榄油，使面坯呈现软弹的状态，再加上自制青酱与乳酪片，使得面包更具风味。

面团重1600克

材料	
高筋面粉	500 克
法国面粉	300 克
盐	20 克
细砂糖	15 克
快发酵母	15 克
乳酪片（切丁）（多备出一些铺在面团里）	150 克
欧芹干叶	2 克
冰水	550 克
橄榄油（多备出一些用于刷面包表面）	50 克
青酱	适量

制作过程与方法

1 ▾

将高筋面粉、法国面粉、快发酵母、盐、细砂糖、冰水、橄榄油、欧芹干叶放入搅拌缸内，用慢速搅拌2分钟，然后换中速搅拌至能拉出薄膜，加入乳酪丁，改用慢速搅拌均匀，将面团取出整形成团。

1-2

1-5

1-8

1-3

1-6

1-9

1-1

1-4

1-7

1-10

1-11

2-4

2-11

3▼

以上火210℃/下火190℃，喷蒸汽约10秒，5分钟后再喷蒸汽压5秒，然后烤约25分钟。

2▼

基本发酵40分钟，翻面再发酵20分钟，将面团滚圆后，中间发酵15分钟，整形（擀开抹上青酱，铺上乳酪丁，两边收口往中间对称压平，按每107厘米一段分割），最后发酵大约40分钟，约至原体积2倍大，表面撒高筋面粉装饰，以割纹刀浅割纹路。

2-5

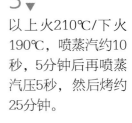

2-12

4▼

出炉后刷上一层薄薄的橄榄油。

2-6

2-13

2-7

2-14

2-1

2-8

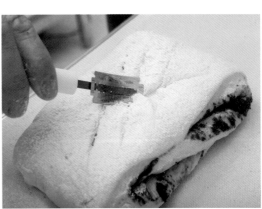

2-15

2-2

2-9

2-3

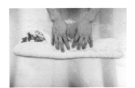

2-10

青酱制作

青酱

材料	
罗勒叶	300 克
核桃	150 克
盐	1 克
大蒜	8 瓣
橄榄油	250 克

1
将罗勒叶洗净晾干。

2
核桃用上火170℃/下火170℃，烤约11分钟，放凉备用。

3
将所有材料放进调理机内，搅打均匀成液态状即可。

3-1

3-2

22. 燕麦杂粮面包

　　燕麦为谷类的一种，其原产地为欧洲北部，含有丰富的蛋白质、脂肪、钙、磷、铁及B族维生素，燕麦不但营养丰富，而且烘烤过后其香气扑鼻而来。纤维丰富的燕麦加杂粮使得面包更具有独特的香气，软弹的口感，满足你每天所需要的营养。

面团重300克/个
此配方为7个量

材料	
高筋面粉	660 克
法国面粉	200 克
杂粮粉	200 克
海盐	12 克
细砂糖	80 克
快发酵母	9 克
冰水	510 克
全蛋	120 克
老面液	100 克
燕麦粉	80 克
黄油	150 克
核桃仁	100 克
燕麦片	适量

制作过程与方法

1▼

将高筋面粉、法国面粉、杂粮粉、燕麦粉、细砂糖、海盐、快发酵母、冰水、全蛋、老面液放入搅拌机缸，以慢速3分钟、中速2分钟搅拌成微光滑状。

1-2

1-3

1-1

1-4

2▼

搅拌完成后，加入黄油换慢速搅拌均匀，换中速搅拌至完全扩展，再加入核桃仁以慢速搅拌均匀，即可将面团取出整形成团。

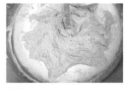

2-2

2-3

2-1

2-4

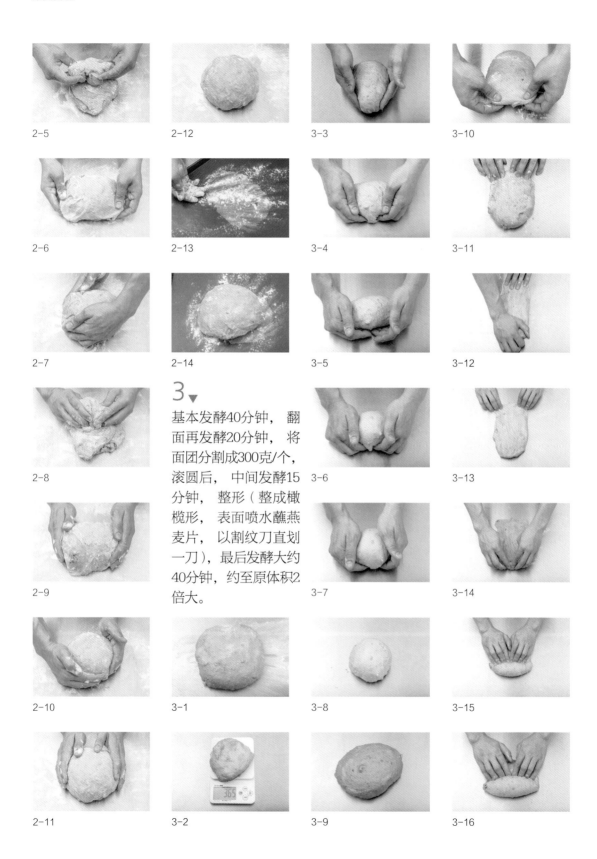

2-5

2-12

3-3

3-10

2-6

2-13

3-4

3-11

2-7

2-14

3-5

3-12

2-8

3▼

基本发酵40分钟，翻面再发酵20分钟，将面团分割成300克/个，滚圆后，中间发酵15分钟，整形（整成橄榄形，表面喷水蘸燕麦片，以割纹刀直划一刀），最后发酵大约40分钟，约至原体积2倍大。

3-6

3-13

2-9

3-7

3-14

2-10

3-1

3-8

3-15

2-11

3-2

3-9

3-16

3-17

3-18

3-19

3-20

3-21

3-22

3-23

3-24

3-25

3-26

3-27

4▾

以上火210℃/下火
190℃，喷蒸汽约10
秒，5分钟后再喷蒸
汽压5秒，然后烤约
25分钟。

23. 比利斯面包

比利斯面包据说是面包的起源，德国的皇室贵族在吃饭时将其蘸上高汤与酱汁来吃。在当地运用窑烤的方式烘烤出来，外表为法式长棍的样子，烘烤后外表酥脆，口感上却带着柔软，是一款外酥内软且带有小麦香味的面包。

面团重350克/个
此配方为5个量

材料	
高筋面粉	600 克
法国面粉	400 克
盐	15 克
快发酵母	20 克
冰水	630 克
鲁邦种	300 克

制作过程与方法

1.

将高筋面粉、法国面粉、快发酵母、盐、冰水、鲁邦种放入搅拌缸内，用慢速搅拌2分钟，然后换中速搅拌至能拉出薄膜。

1-2

1-3

1-1

2.

基本发酵40分钟，翻面再发酵20分钟，将面团分割成350克/个，滚圆后，中间发酵15分钟，整形，最后发酵大约40分钟，约至原体积2倍大，表面以割纹刀浅割直线纹路正反各一刀，撒高筋面粉装饰。

2-2

2-3

2-1

2-4

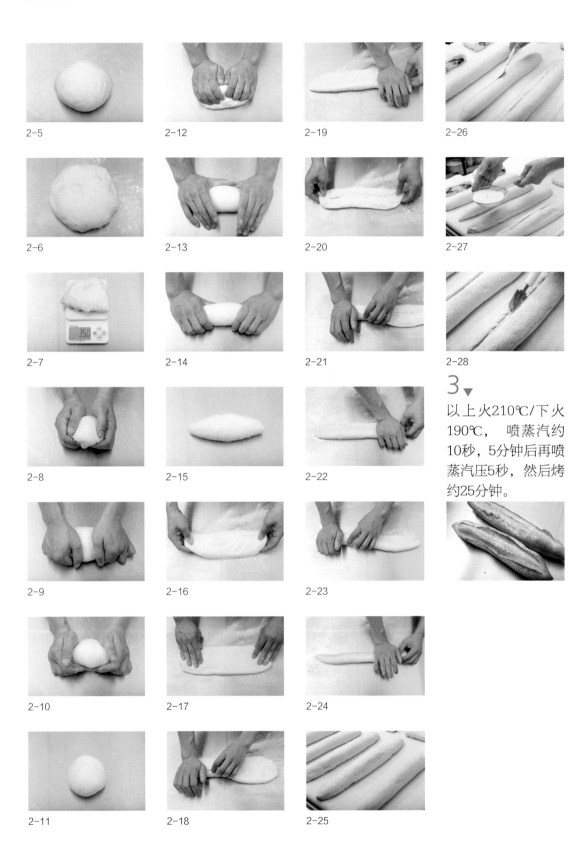

2-5

2-6

2-7

2-8

2-9

2-10

2-11

2-12

2-13

2-14

2-15

2-16

2-17

2-18

2-19

2-20

2-21

2-22

2-23

2-24

2-25

2-26

2-27

2-28

3▼

以上火210℃/下火190℃，喷蒸汽约10秒，5分钟后再喷蒸汽压5秒，然后烤约25分钟。

24. 欧蕾面包

利用柔软的面坯包上乳酪，在收口上面不要完全密合，在发酵时收口处张开，呈现一朵花朵的形状。制作中加入大量的鸡蛋与鲜奶，使面团更有弹性，利用鲁邦种，使面团的保湿性更佳。

面团重90克x3=270克/1条
此配方为4条量

材料	
高筋面粉	500 克
鲜酵母	15 克
海盐	10 克
细砂糖	60 克
全蛋	120 克
鲜奶	225 克
鲁邦种	120 克
黄油	125 克

制作过程与方法

1.

将高筋面粉、鲜酵母、海盐、细砂糖、全蛋、鲜奶和鲁邦种放入搅拌缸内，用慢速搅拌2分钟，然后换中速搅拌2分钟成微光滑状。

1-1

1-2

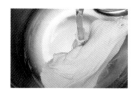
1-3

1-4

2.

搅拌完成后，换慢速加入黄油搅拌均匀，换中速搅拌至完全扩展，将面团取出整形成团。

2-1

2-2

2-3

2-4

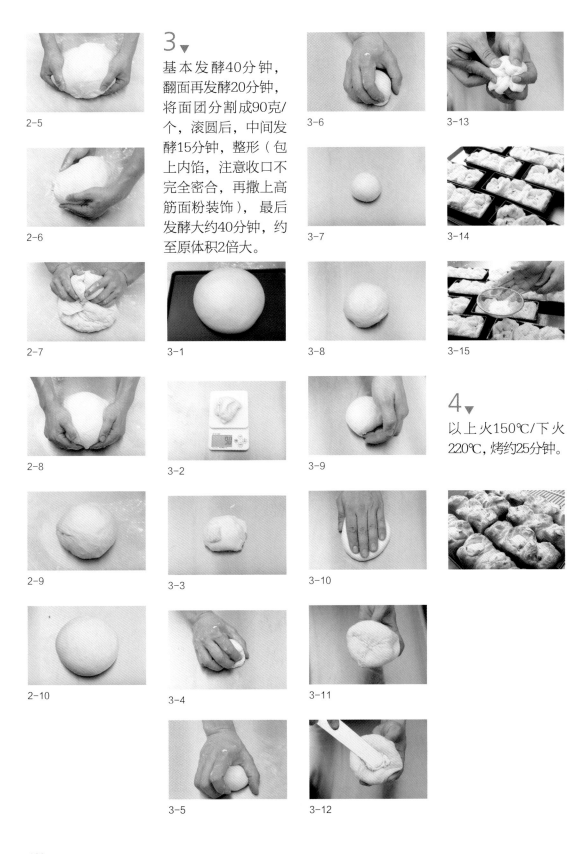

2-5

2-6

2-7

2-8

2-9

2-10

3▼

基本发酵40分钟，翻面再发酵20分钟，将面团分割成90克/个，滚圆后，中间发酵15分钟，整形（包上内馅，注意收口不完全密合，再撒上高筋面粉装饰），最后发酵大约40分钟，约至原体积2倍大。

3-1

3-2

3-3

3-4

3-5

3-6

3-7

3-8

3-9

3-10

3-11

3-12

3-13

3-14

3-15

4▼

以上火150℃/下火220℃，烤约25分钟。

内馅制作

内馅

内馅材料	
奶油奶酪	250 克
糖粉	50 克
葡萄干	50 克

1 ▶

糖粉过筛备用。

1

2 ▶

将奶油奶酪放入搅
拌缸，加入糖粉搅
拌均匀。

2-1

2-2

2-3

3 ▶

加入葡萄干搅拌均匀。

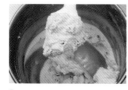

3

25. 意大利细面包

　　刚烤出来的意大利细面包，带着淡淡帕玛森乳酪粉的味道，一吃进嘴里，淡淡的海盐味与乳酪味结合在一起，有着像饼干一样酥脆的外皮，又可以吃出单纯的面粉香味。

面团重60克/条
此配方为27条量

中种面团材料	
高筋面粉	500 克
鲜酵母	20 克
水	250 克
主面团材料	
高筋面粉	500 克
橄榄油	50 克
猪油	50 克
水	250 克
装饰用材料	
海盐	适量
乳酪粉	适量
蛋白液	适量

制作过程与方法

1-2

1-3

1▾

将高筋面粉、鲜
酵母和水混合，
用中速搅拌2分钟
制成团，再用中速搅
拌1分钟，发酵50分
钟，制成中种面团。

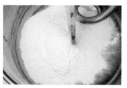

1-1

1-4

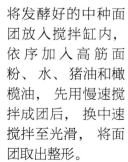

1-5

2▾

将发酵好的中种面
团放入搅拌缸内，
依序加入高筋面
粉、水、猪油和橄
榄油，先用慢速搅
拌成团后，换中速
搅拌至光滑，将面
团取出整形。

2-1

2-2

2-3

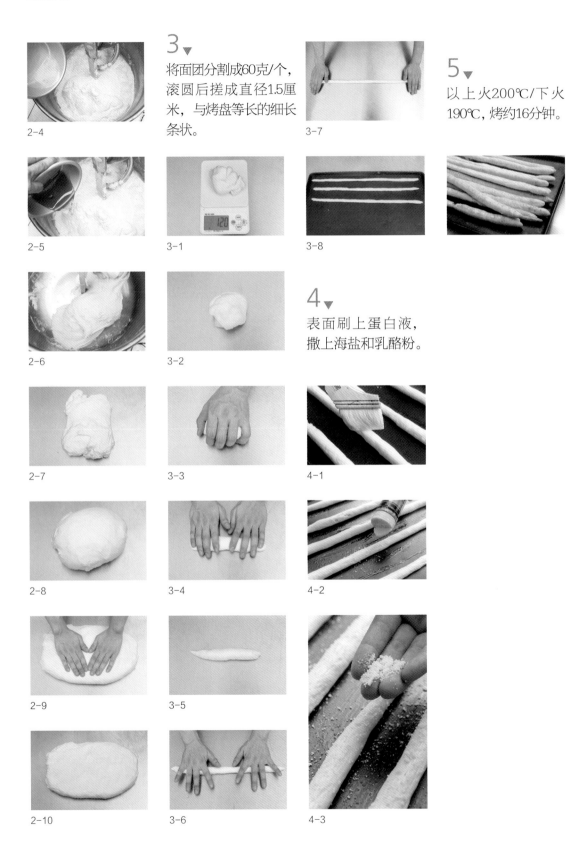

2-4

2-5

2-6

2-7

2-8

2-9

2-10

3 ▼
将面团分割成60克/个，滚圆后搓成直径1.5厘米，与烤盘等长的细长条状。

3-1

3-2

3-3

3-4

3-5

3-6

3-7

3-8

4 ▼
表面刷上蛋白液，撒上海盐和乳酪粉。

4-1

4-2

4-3

5 ▼
以上火200℃/下火190℃，烤约16分钟。

26. 黑麦啤酒面包

　　这是一款德国人喜欢一边喝着啤酒，一边食用的面包。借着啤酒与小麦巧妙的变化，以及菌种带给面坯奇妙的质地，再添加上胡椒、火腿片、洋葱丝、芝麻粉等让面团具有咸味，是一款风味十足的面包。

面团一颗重400克
此配方5个量

材料	
高筋面粉	700 克
全麦粉	300 克
快发酵母	12 克
黑麦啤酒	300 克
冰水	250 克
盐	15 克
胡椒粉	10 克
啤酒菌种	300 克
橄榄油	80 克
火腿丝	150 克
洋葱丝	60 克
芝麻粉	80 克

制作过程与方法

1.

将洋葱丝入锅炒软，加入火腿丝炒香备用。

1-1

1-2

1-3

1-4

2.

将高筋面粉、全麦粉、快发酵母、黑麦啤酒、盐、胡椒粉、芝麻粉、冰水、啤酒菌种和橄榄油放入搅拌缸内，用慢速搅拌2分钟，再转中速搅拌至完全扩展。

2-2

2-1

2-3

3 ▼

加入步骤1的火腿丝
和洋葱丝用慢速搅
拌均匀，将面团取
出整形成团。

3-1

3-2

4 ▼

基本发酵40分钟，
翻面再发酵20分
钟，将面团分割成
400克/个，滚圆后，
中间发酵15分钟，
整形，表面蘸高筋
面粉，最后发酵大
约40分钟，约至原
体积2倍大，以割纹
刀浅割纹路。

4-1

4-2

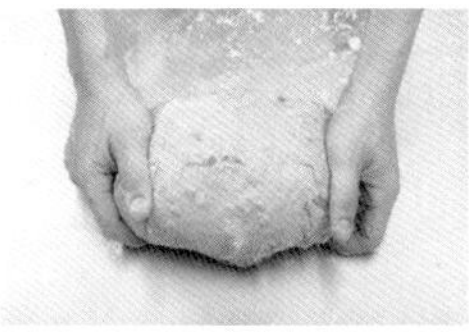

4-3

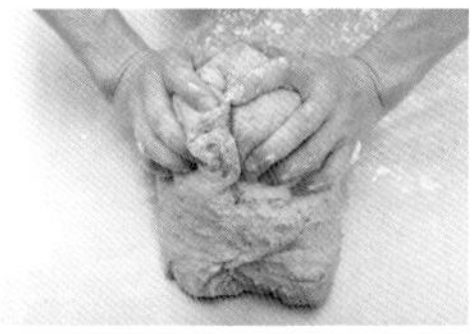

4-4

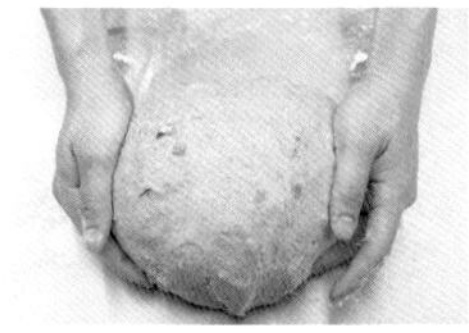

4-5

4-6

4-7

4-8

4-9

4-10

4-11

4-12

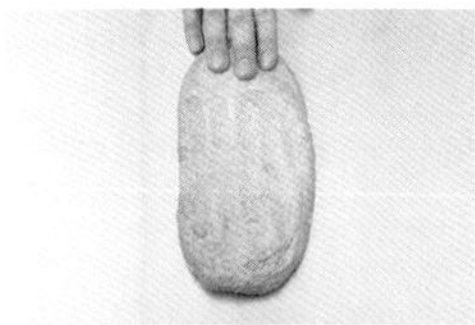

4-13

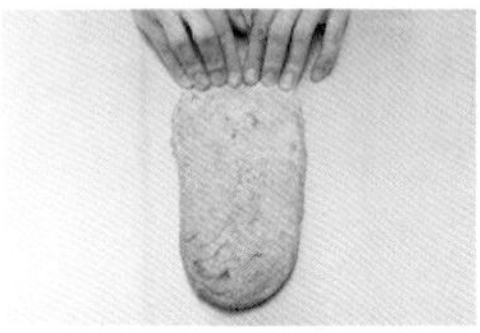

4-14

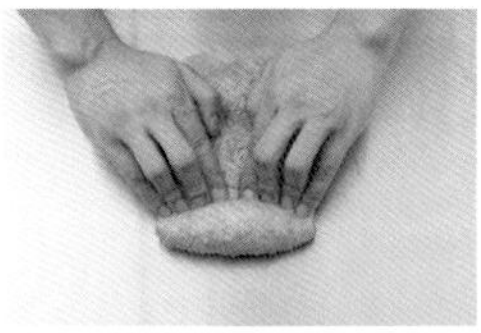

4-15

4-16

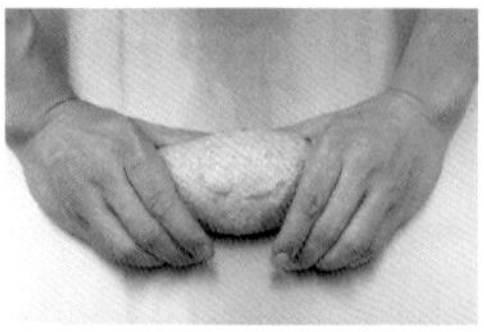

4-17

4-18

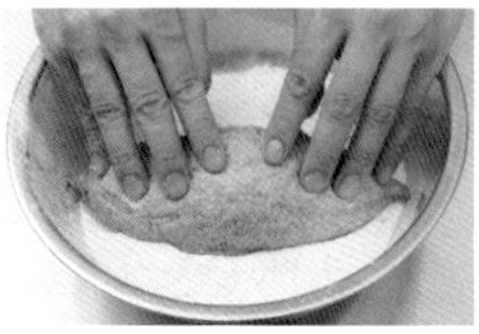

4-19

4-20

4-21

4-22

4-23

5 ▾

以上火200℃/下火
190℃， 喷蒸汽约
10秒，5分钟后再喷
蒸汽压5秒，然后烤
约16分钟。

◉ 洋葱的处理方式
洋葱丝要先油炸
或炒好备用。

27．洋葱乳酪面包

这款面包是一位来自澳洲的师傅教我的。将多样化的食材运用在面坯里，虽然是简单的造型、朴实的外表，但却是一款变化性很大的面包。

面团重350克/个
此配方为3个量

材料	
高筋面粉	500 克
细砂糖	50 克
盐	7.5 克
奶粉	15 克
老面	150 克
快发酵母	6 克
全蛋	50 克
冰水	250 克
橄榄油	50 克
洋葱丝	50 克
鳀鱼	2 片
培根丁	50 克
乳酪片（切丁）	50 克

制作过程与方法

1▾

起油锅加入洋葱炒熟，加入培根丁炒到香味出现，再加入鳀鱼（勿将洋葱炒过熟，不然洋葱加入面团中后，会使面团太过软烂），炒好备用。

1-1

1-2

1-3

1-4

1-5

2▾

将高筋面粉、细砂糖、盐、快发酵母、奶粉、老面、全蛋、冰水、橄榄油放入搅拌缸内，用慢速搅拌2分钟至成团，再换成中速打至完全扩展。

2-1

2-2

2-3

3 ▾

加入炒好的步骤1和半份乳酪丁用慢速搅拌均匀，面团温度27℃。取出面团将剩余的乳酪丁折入面团中再滚圆。

3-6

4-1

4-8

3-7

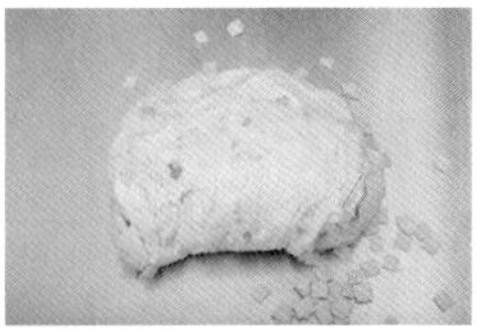

4-2

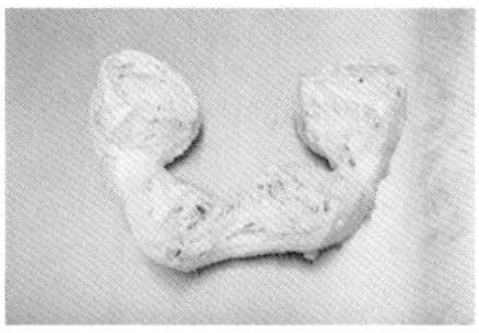

4-9

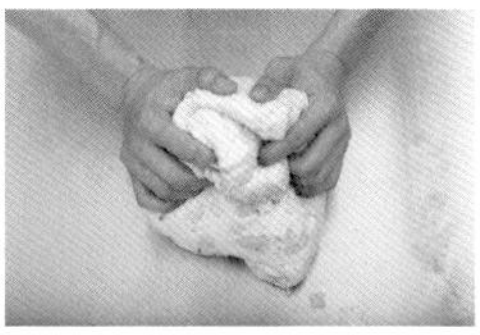

3-1

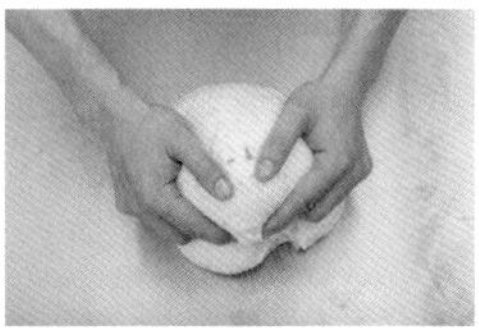

3-8

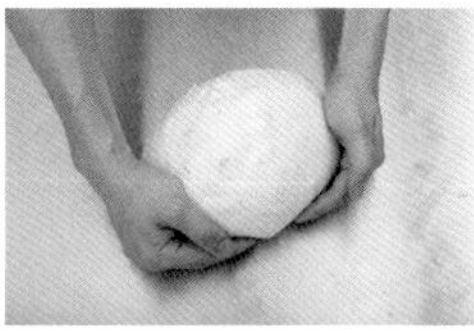

4-3

4-10

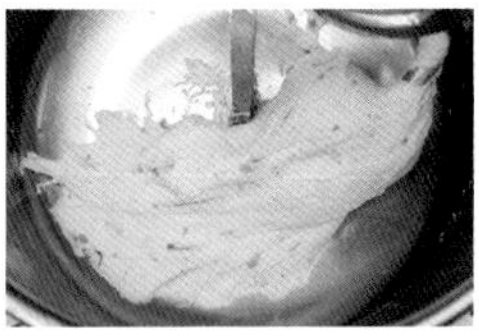

3-2

3-9

4-4

4-11

3-3

3-10

4-5

4-12

3-4

4 ▾

基本发酵40分钟，翻面再发酵20分钟，将面团分割成350克/个，滚圆后，中间发酵10分钟，整形，表面蘸高筋面粉，最后发酵约40分钟，约至原体积2倍大，以割纹刀斜割数刀。

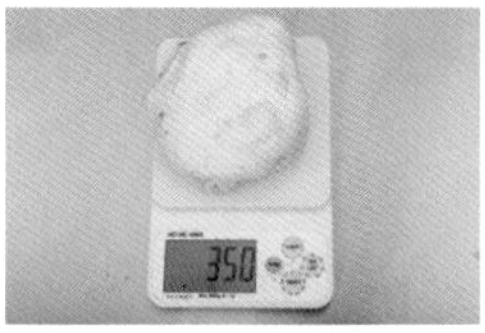

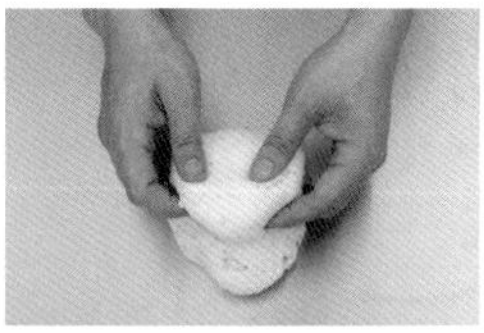

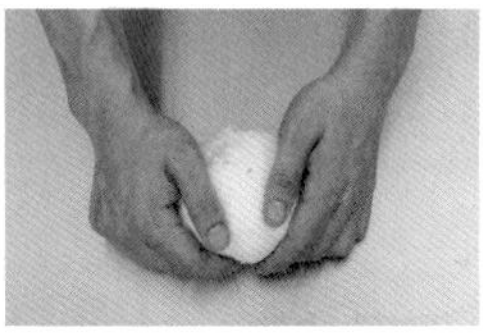

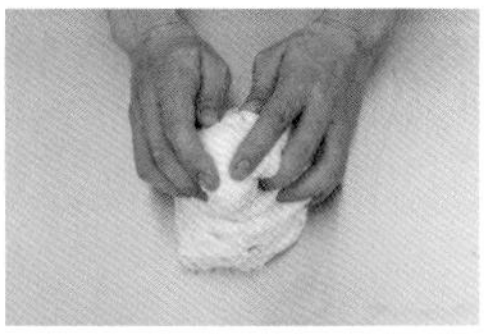

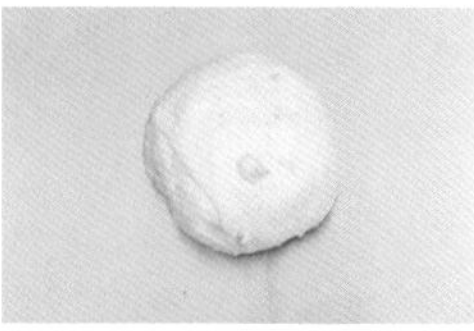

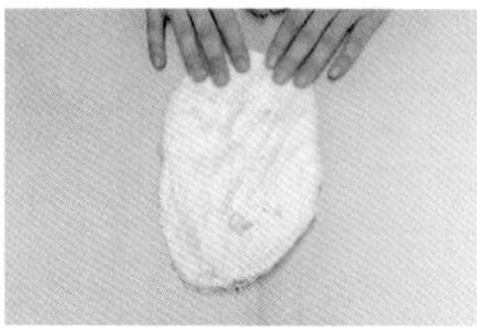

4-6

4-13

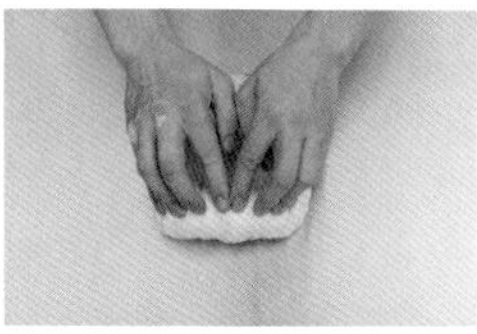

3-5

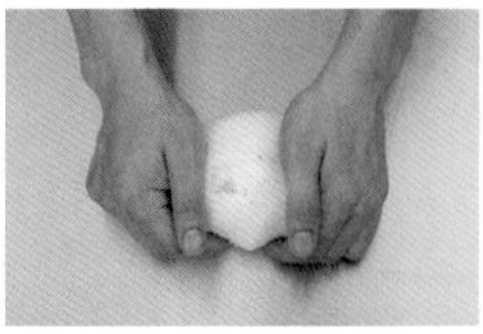

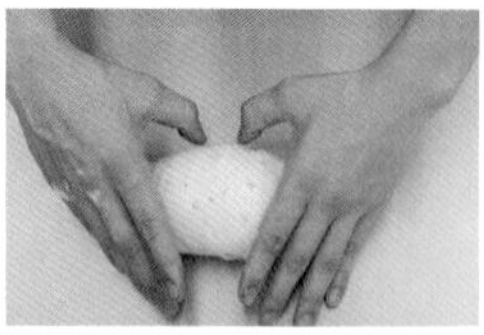

4-7

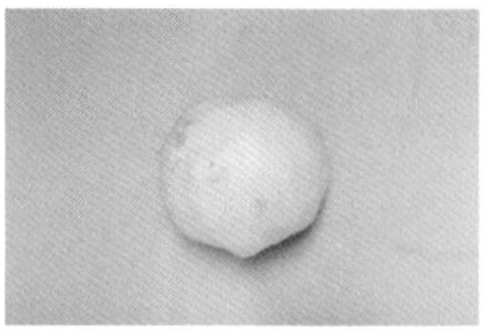

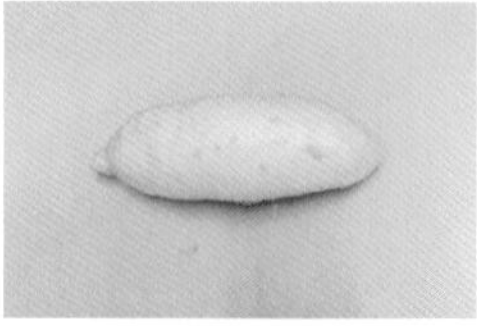

4-14

4-15

4-16

4-17

5▼

以上火210℃/下火
200℃，进烤箱后压
蒸汽10秒钟，3分钟
后再压蒸汽5秒钟，
然后烤约18分钟
即可。

28．农夫面包

　　这是德式面包的其中一种款式，是当地农夫下田工作时会随身携带的面包，所以当地人称呼它为"农夫的面包"。这里以加入鲁邦种与全麦细粉的做法来取代中种法，特色在于不易老化，兼具保湿的效果，经过高温烘烤时，烤出小麦的香味与面坯软弹扎实、有嚼劲的口感。

面团重450克/个
此配方为4个量

全麦种材料	
全麦细粉	200 克
法国面粉	200 克
鲁邦种	420 克
水	150 克
主面团材料	
全麦种	全量
法国面粉	300 克
全麦粉	300 克
快发酵母	5 克
细砂糖	20 克
粗盐	18 克
冰水	340 克
蜂蜜	2 克

制作过程与方法

1▾

全麦种: 将法国面粉、鲁邦种、全麦细粉和水放入容器里面一起搅拌至完全无颗粒, 取出整形滚圆, 在22～23℃发酵3～4小时, 膨胀率达2～2.5倍即完全成熟。

1-2

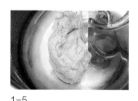
1-5

1-8

1-3

1-6

1-9

1-1

1-4

1-7

1-10

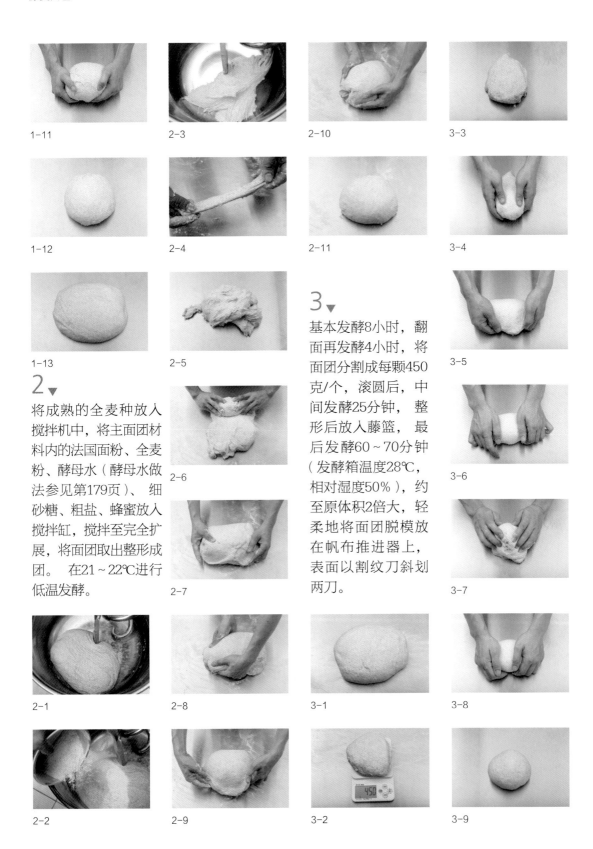

1-11

2-3

2-10

3-3

1-12

2-4

2-11

3-4

1-13

2-5

3-5

2▼

将成熟的全麦种放入搅拌机中，将主面团材料内的法国面粉、全麦粉、酵母水（酵母水做法参见第179页）、细砂糖、粗盐、蜂蜜放入搅拌缸，搅拌至完全扩展，将面团取出整形成团。 在21～22℃进行低温发酵。

2-6

3-6

2-7

3▼

基本发酵8小时，翻面再发酵4小时，将面团分割成每颗450克/个，滚圆后，中间发酵25分钟，整形后放入藤篮，最后发酵60～70分钟（发酵箱温度28℃，相对湿度50%），约至原体积2倍大，轻柔地将面团脱模放在帆布推进器上，表面以割纹刀斜划两刀。

3-7

2-1

2-8

3-1

3-8

2-2

2-9

3-2

3-9

3-10

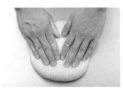

3-11

3-12

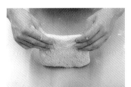

3-13

3-14

3-15

3-16

3-17

3-24

3-18

3-25

3-19

3-26

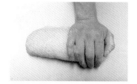

3-20

3-27

3-28

3-21

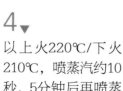

3-22

4 ▾

以上火220℃/下火
210℃，喷蒸汽约10
秒，5分钟后再喷蒸
汽压5秒，然后烤约
20分钟。

3-23

Q&A /

温度该如何控制?

- 冰水的温度控制在6℃左右（水的温
  度要随着天气不断地变化，气温越高，
  水的温度越低；气温越低，水的温度
  越高），要控制好面团本身的温度。

- 配方中的"酵母水"是将冰水与酵母
  加在一起搅拌，让酵母与冰水混合在
  一起。

29. 乡村面包

这款面包具有德国柏林风味乡村面包之意，是以黑麦粉与长棍老面来取代中种法，带有淡淡的黑麦与小麦的香味，整形后表面蘸满面粉，放入发酵箱中，面坯表面形成干燥龟裂的纹路，极具乡村风味。

面团重450克/个
此配方为4个量

长棍黑麦老面种材料	
法国面粉	350 克
黑麦细粉	150 克
海盐	10 克
长棍老面	100 克
水	260 克

主面团材料	
长棍黑麦老面种	全量
法国面粉	550 克
快发酵母	5 克
细砂糖	15 克
海盐	13 克
蜂蜜	2 克
冰水	340 克

制作过程与方法

1▾

长棍黑麦老面种：将法国面粉、海盐、长棍老面、黑麦细粉、水放入容器里面一起搅拌至完全无颗粒。取出整形滚圆，在22℃发酵18~22小时，膨胀率达3倍即完全成熟。

1-1

1-2

1-3

1-4

1-5

2▾

将成熟的长棍黑麦老面放入搅拌机内，将主面团材料内的法国面粉、冰水、快发酵母、细砂糖、海盐、蜂蜜依序放入搅拌缸，以慢速搅拌1.5分钟，

2-1

2-2

换中速搅拌3~4分钟至光滑，将面团取出整形成团，在22~23℃低温发酵。

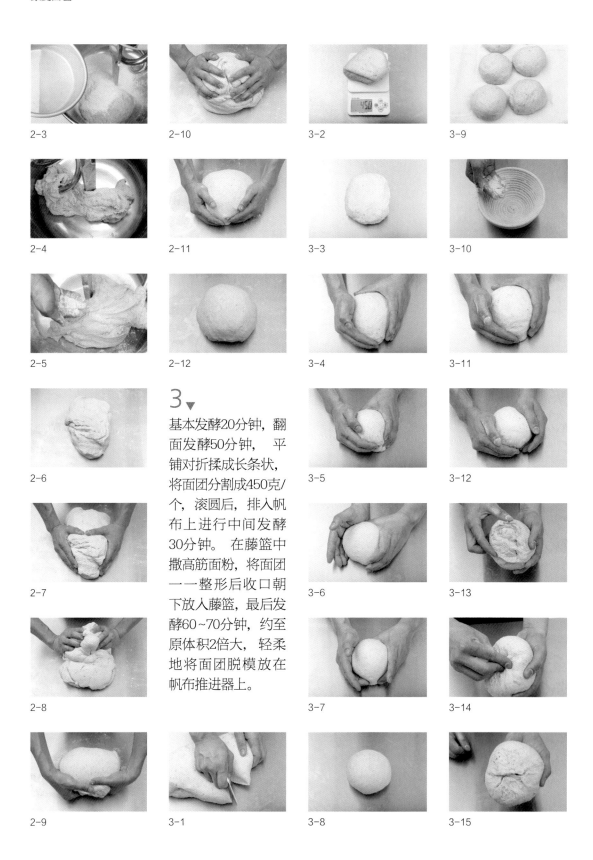

2-3

2-10

3-2

3-9

2-4

2-11

3-3

3-10

2-5

2-12

3-4

3-11

2-6

3-5

3-12

3 ▼

基本发酵20分钟，翻面发酵50分钟，平铺对折揉成长条状，将面团分割成450克/个，滚圆后，排入帆布上进行中间发酵30分钟。在藤篮中撒高筋面粉，将面团一一整形后收口朝下放入藤篮，最后发酵60~70分钟，约至原体积2倍大，轻柔地将面团脱模放在帆布推进器上。

2-7

3-6

3-13

2-8

3-7

3-14

2-9

3-1

3-8

3-15

3-16

3-17

3-18

3-19

3-20

4▾

以上火220℃/下火
210℃， 喷蒸汽约
10秒，5分钟后再喷
蒸汽压5秒，然后烤
约20分钟。

30. 日式乳酪烤饼

　　这是我在日本游玩时，看见有一位婆婆在街道上贩卖铜锣烧时，所联想到的，将一般的甜面团稍做变化，制作出带有乳酪香味的一款硬质面包。本店的客人对这款面包也都很喜爱，还碰过先买一个来吃，但最后把货架上的日式乳酪烤饼全买光的客人。客人对我们产品的热爱，是支持我们做下去的最大动力。

面团重30克x2＝60克/1个
此配方为30个量

材料	
高筋面粉	500 克
低筋面粉	267 克
甜面团	550 克
细砂糖	117 克
盐	6 克
黄油	83 克
鲜奶	150 克
全蛋	133 克
奶粉	33 克
蛋黄液	适量

制作过程与方法

1.

将高筋面粉、低筋面粉、甜面团、奶粉、全蛋、鲜奶、盐、细砂糖、黄油依序放入搅拌缸中，用慢速搅拌约2分钟，再转中速搅拌至光滑，温度控制在28℃，将面团取出整形成团。

1-2

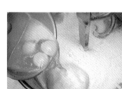
1-5

1-8

1-3

1-6

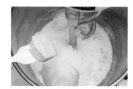
1-9

1-1

1-4

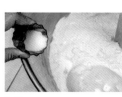
1-7

1-10

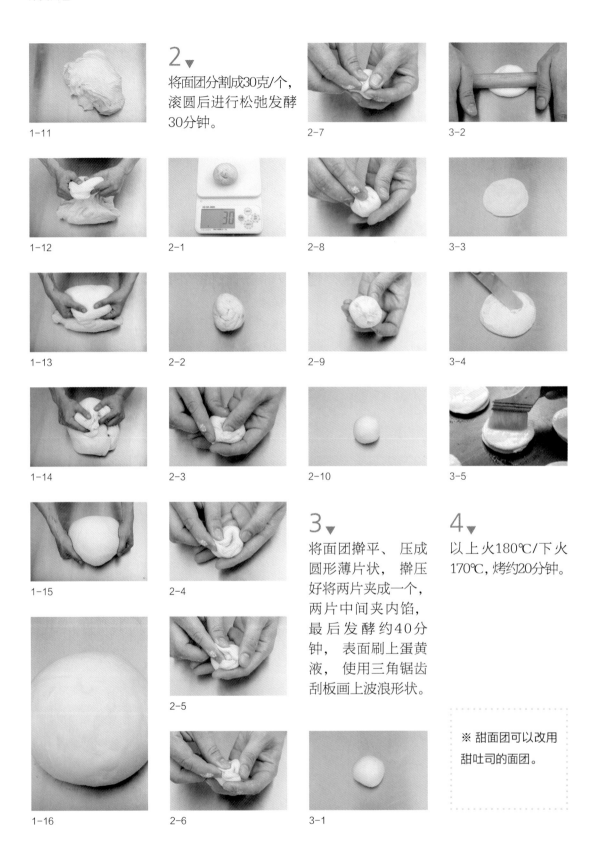

1-11

2▼
将面团分割成30克/个，滚圆后进行松弛发酵30分钟。

2-7

3-2

1-12

2-1

2-8

3-3

1-13

2-2

2-9

3-4

1-14

2-3

2-10

3-5

1-15

2-4

3▼
将面团擀平、压成圆形薄片状，擀压好将两片夹成一个，两片中间夹内馅，最后发酵约40分钟，表面刷上蛋黄液，使用三角锯齿刮板画上波浪形状。

4▼
以上火180℃/下火170℃，烤约20分钟。

1-16

2-5

2-6

3-1

※ 甜面团可以改用甜吐司的面团。

内馅制作

奶酪内馅

内馅材料	
奶油奶酪	500 克
炼乳	188 克

▼

将奶油奶酪和炼乳一起以慢速搅打均匀即可。

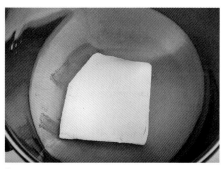

1

2

31. 印度面包

　　这是根据跳出传统做法的想法做出来的一款面包。高达50%的内馅与面团一起搅拌，加上大量的红豆，所制作出来的面包口感非常细腻。加入了50%的内馅，让每口都吃得到红豆内馅。为了增加表皮的口感，采用上层加盖烤盘的方式烘烤。

面团重200克/个
此配方为7个量

材料	
高筋面粉	500 克
红豆馅	250 克
细砂糖	50 克
盐	5 克
鲜酵母	18.5 克
黄油	50 克
鲜奶	225 克
全蛋	1 个
鲜奶吐司老面团	200 克

- 红豆馅可以换成芋头馅或改用蜜红豆粒。
- 素食者可以不放全蛋。

制作过程与方法

1▾

将高筋面粉、红豆馅、细砂糖、盐、鲜酵母、鲜奶、全蛋、鲜奶吐司老面团依序放入搅拌缸内，用慢速搅拌2分钟，然后换中速搅拌成团，再换成慢速加入黄油，搅拌均匀，换中速搅拌至完全扩展，温度控制在27℃，将面团取出整形成团。

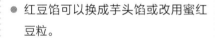
1-1

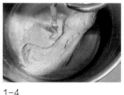
1-4

1-7

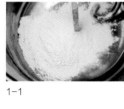
1-2

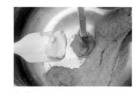
1-5

1-8

1-3

1-6

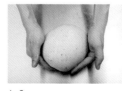
1-9

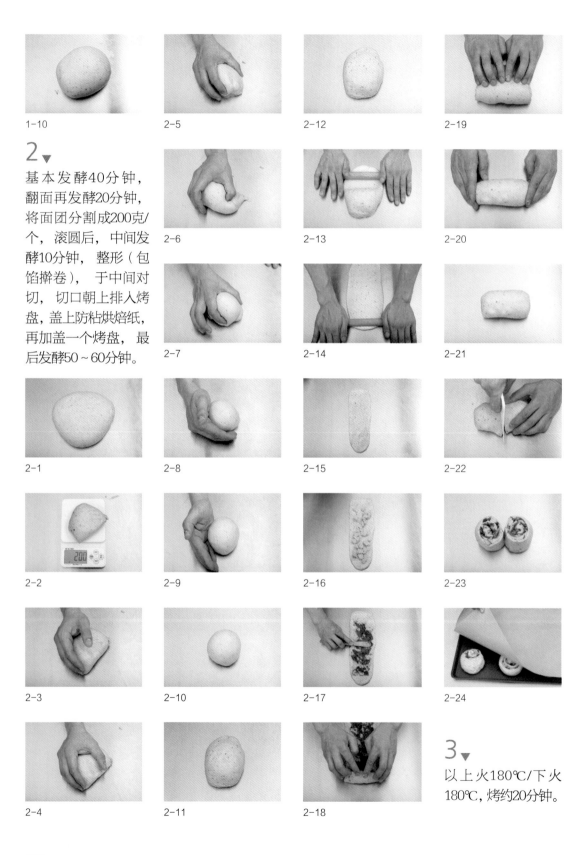

1-10

2 ▼

基本发酵40分钟，翻面再发酵20分钟，将面团分割成200克/个，滚圆后，中间发酵10分钟，整形（包馅擀卷），于中间对切，切口朝上排入烤盘，盖上防粘烘焙纸，再加盖一个烤盘，最后发酵50～60分钟。

2-5

2-6

2-7

2-1

2-8

2-2

2-9

2-3

2-10

2-4

2-11

2-12

2-13

2-14

2-15

2-16

2-17

2-18

2-19

2-20

2-21

2-22

2-23

2-24

3 ▼

以上火180℃/下火180℃，烤约20分钟。

32. 黑麦无花果面包

黑麦面包对德国人而言是最具代表性的一款面包，带有着独特的酸味，可以说广受当地人喜爱。对一些不敢尝试黑麦面包独特酸味的人，我试着做出适口、接受度高的黑麦面包，用鲁邦种来取代酸化种弱化酸味，再加上蜜渍无花果使面包更具丰富的口感。

面团一颗重350克
此配方6个量

面团材料	
高筋面粉	800 克
石磨黑麦粉	200 克
盐	10 克
蜂蜜	10 克
细砂糖	60 克
快发酵母	10 克
冰水	600 克
鲁邦种	200 克
橄榄油	60 克
泡酒葡萄干	200 克
生核桃仁	100 克
无花果	100 克
燕麦粉	适量
内馅材料	
蜜渍无花果	适量

制作过程与方法

1.

将高筋面粉、石磨黑麦粉、细砂糖、盐、快发酵母、鲁邦种、蜂蜜、冰水、橄榄油依序放入搅拌缸内，用慢速搅拌2分钟，然后换中速搅拌至完全扩展，温度控制在27℃。

1-1

1-4

2-1

1-2

2-2

2.

将泡酒葡萄干、生核桃仁、无花果放入步骤1的面团内，用慢速搅拌均匀，将面团取出整形成团。

1-3

2-3

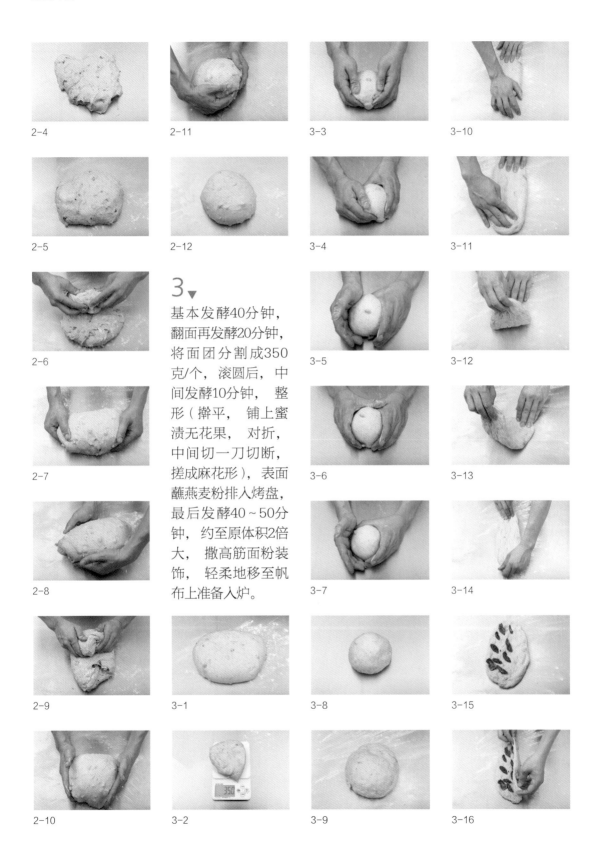

2-4

2-5

2-6

2-7

2-8

2-9

2-10

2-11

2-12

3-1

3-2

3 ▾

基本发酵40分钟，翻面再发酵20分钟，将面团分割成350克/个，滚圆后，中间发酵10分钟，整形（擀平，铺上蜜渍无花果，对折，中间切一刀切断，搓成麻花形），表面蘸燕麦粉排入烤盘，最后发酵40～50分钟，约至原体积2倍大，撒高筋面粉装饰，轻柔地移至帆布上准备入炉。

3-3

3-4

3-5

3-6

3-7

3-8

3-9

3-10

3-11

3-12

3-13

3-14

3-15

3-16

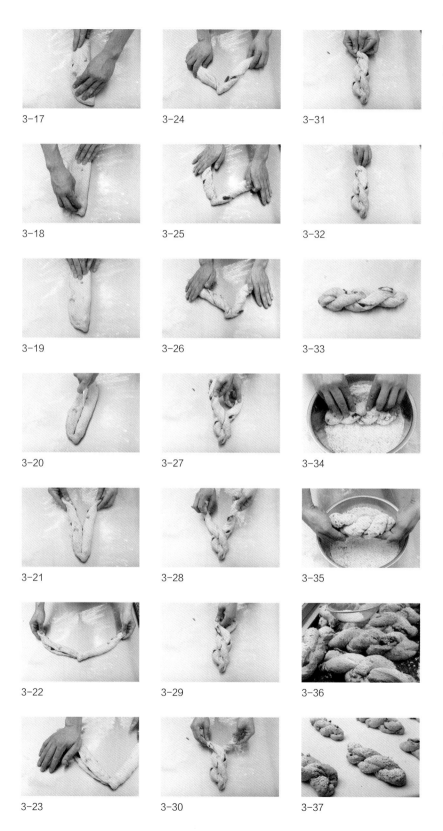

3-17

3-18

3-19

3-20

3-21

3-22

3-23

3-24

3-25

3-26

3-27

3-28

3-29

3-30

3-31

3-32

3-33

3-34

3-35

3-36

3-37

4▼

以上火210℃/下火180℃，喷蒸汽约10秒，5分钟后再喷蒸汽压5秒，然后烤约19分钟。

内馅制作

内馅

内馅材料	
二砂糖	500 克
水	1000 克
干燥无花果	500 克
香草荚	1 根

1 ▶

将水用大火煮热，加入香草荚（从中间剖开）和二砂糖用大火煮沸。

1-1

1-2

2 ▶

将洗净的无花果放入步骤1的开水中，用小火慢慢熬煮1~2小时，无花果软化放凉即可。

2-1

2-2

33.北欧香橙面包

　　在制作面包时采用天然食材，是我一直追求的目标。这是一款运用新鲜现榨果汁与大量的鸡蛋制作出来的面包，有着淡淡的黄金色泽与香气，再加上黄油使面团具有应有的柔软度，非常适合早餐时食用。

面团重100克x4=400克/1条
此配方为8条量

材料	
高筋面粉	1200 克
低筋面粉	120 克
快发酵母	20 克
盐	15 克
细砂糖	330 克
冰块	250 克
全蛋	300 克
新鲜香橙汁	350 克
老面	200 克
黄油	300 克

制作过程与方法

1 ▼

将高筋面粉、低筋面粉、细砂糖、盐、快发酵母、冰块、全蛋、老面、香橙汁依序放入搅拌缸内，用慢速搅拌2分钟，然后换中速搅拌成团，再换成慢速加入黄油搅拌均匀，换中速搅拌至完全扩展，温度控制在27℃，将面团取出整形成团。

1-1

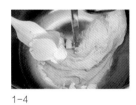

1-4

1-7

1-2

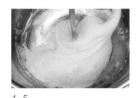

1-5

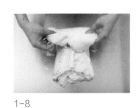

1-8

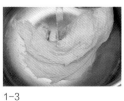

1-3

1-6

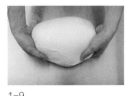

1-9

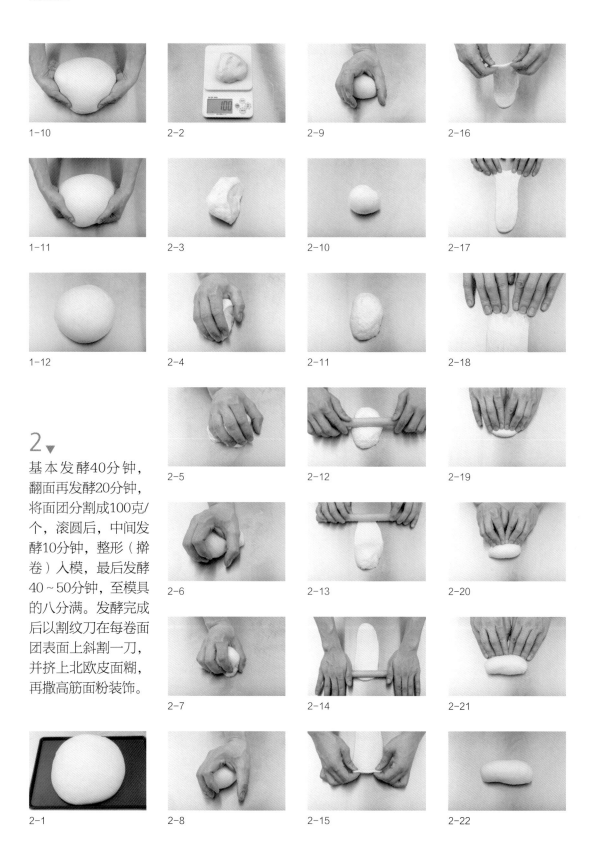

1-10

1-11

1-12

2-2

2-3

2-4

2-5

2-6

2-7

2-9

2-10

2-11

2-12

2-13

2-14

2-15

2-16

2-17

2-18

2-19

2-20

2-21

2-22

2▼

基本发酵40分钟，翻面再发酵20分钟，将面团分割成100克/个，滚圆后，中间发酵10分钟，整形（擀卷）入模，最后发酵40～50分钟，至模具的八分满。发酵完成后以割纹刀在每卷面团表面上斜割一刀，并挤上北欧皮面糊，再撒高筋面粉装饰。

2-1

2-23

2-24

2-25

2-26

3▾

以上火200℃/下火
180℃,烤约16分钟。

北欧皮制作

北欧皮面糊

内馅材料	
黄油	100 克
糖粉	100 克
鸡蛋	100 克
低筋面粉	100 克
橙皮（或橘子皮）	10 克

1 ▶

将橙皮切细末备用。

2 ▶

将黄油融化，加入糖粉搅拌均匀，再加入全蛋继续搅拌均匀，最后加入低筋面粉、橙皮搅拌均匀。

1

2-3

2-1

2-4

2-2

2-5

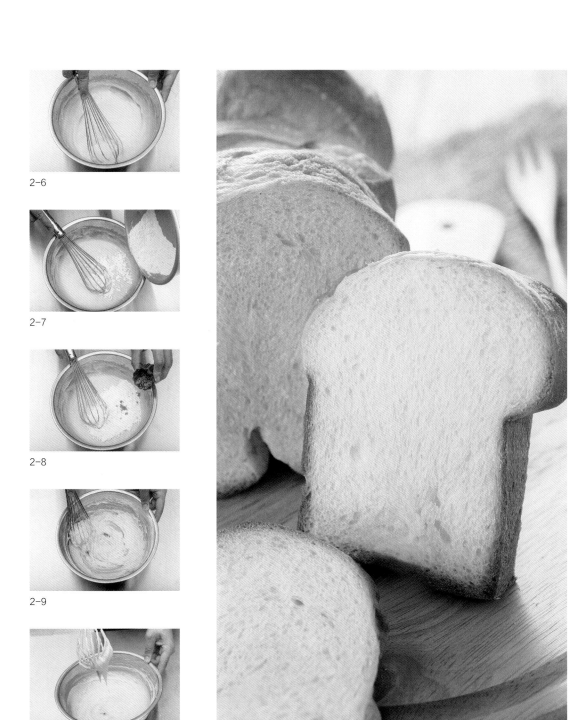

2-6

2-7

2-8

2-9

2-10

34. 芝麻薄饼

　　运用面包面团制作出来的芝麻薄饼，面饼薄、脆、香，加上乳酪粉与白芝麻的香气，交织成独特的风味，是一款可以搭配生菜沙拉与浓稠的酱汁一起吃的餐前小点心。

　　一般而言，薄饼都是用较多的黄油制作，但这里是用制作面包的方式制作出来的。

面团重180克/个
此配方为9个量

材料	
高筋面粉	1000 克
细砂糖	20 克
盐	10 克
橄榄油	90 克
水	490 克
黄油	60 克
帕玛森乳酪粉	适量
白芝麻	适量

制作过程与方法

1▼

将乳酪粉和白芝麻以外的所有材料混合均匀，用中速打成团，将面团取出整形成团。

1-2

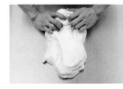

1-5

1-8

1-3

1-6

1-9

1-1

1-4

1-7

1-10

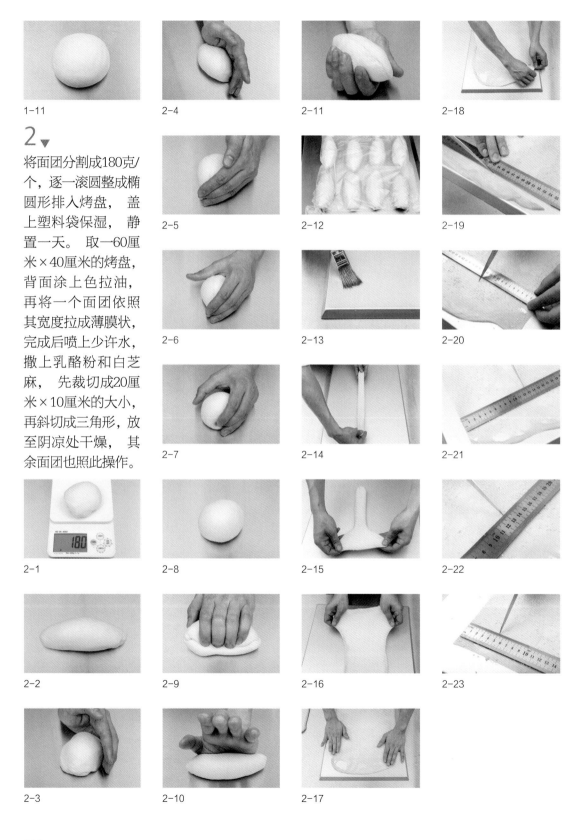

1-11

2 ▼

将面团分割成180克/个，逐一滚圆整成椭圆形排入烤盘，盖上塑料袋保湿，静置一天。取一60厘米×40厘米的烤盘，背面涂上色拉油，再将一个面团依照其宽度拉成薄膜状，完成后喷上少许水，撒上乳酪粉和白芝麻，先裁切成20厘米×10厘米的大小，再斜切成三角形，放至阴凉处干燥，其余面团也照此操作。

2-4

2-11

2-18

2-5

2-12

2-19

2-6

2-13

2-20

2-7

2-14

2-21

2-1

2-8

2-15

2-22

2-2

2-9

2-16

2-23

2-3

2-10

2-17

3 ▼

当面皮表面完全干燥后,进烤箱烘烤,以上火170℃/下火160℃,约烤20分钟。

3-1

3-2

35. 印度饼

　　印度人在吃饭时，用饼搭配咖喱酱，包着蔬菜卷起来吃。刚烘烤出来的印度饼可以吃到酥脆的表皮，冷掉后饼皮会变得带有弹性和嚼劲，两种不同的口感，在同一张饼皮上呈现。

面团重100克/个
此配方为16片量

材料	
全麦粉	300 克
高筋面粉	700 克
盐	5 克
水	550 克

制作过程与方法

1 ▾

将所有材料放入搅拌缸中，先以慢速搅拌1分钟，再转中速搅拌2分钟，搅拌成团后，将面团取出整形成团，松弛1小时。

1-2

1-5

1-8

1-3

1-6

1-9

1-1

1-4

1-7

1-10

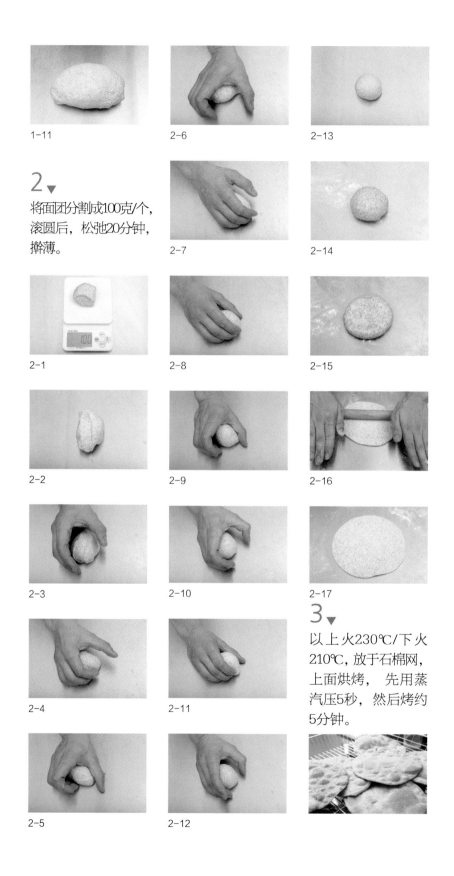

1-11

2▼
将面团分割成100克/个，
滚圆后，松弛20分钟，
擀薄。

2-1

2-2

2-3

2-4

2-5

2-6

2-7

2-8

2-9

2-10

2-11

2-12

2-13

2-14

2-15

2-16

2-17

3▼
以上火230℃/下火
210℃，放于石棉网，
上面烘烤，先用蒸
汽压5秒，然后烤约
5分钟。

36. 大轮船面包

我小时候非常喜欢船，长大后在一堂面包研习课程中，看着日本师傅运用巧妙的手法，做出了这款犹如船造型的面包，同时又带有紧实与绵密的口感。就让这款面包搭配着新鲜果汁，伴着清晨的阳光，陪你度过轻松愉快的一天。

面团重180克/个
此配方为9个量

材料	
高筋面粉	875 克
海盐	25 克
糖粉	50 克
奶粉	13 克
鲜奶	397 克
鲜奶吐司面团	300 克
黄油（多备一些涂抹面团用）	75 克
蛋液	适量

制作过程与方法

1▼

将高筋面粉、海盐、糖粉、奶粉、鲜奶、鲜奶吐司面团放入搅拌缸内，用慢速搅拌3分钟，加入黄油继续搅拌至黄油完全与面团融合，换中速搅拌至面团光滑，即可将面团取出整形成团。

1-1

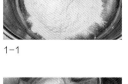

1 2

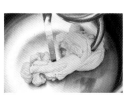

1-3

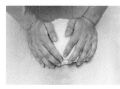

1-4

1-5

1-6

1-7

2▼

基本发酵50分钟，将面团分割成180克/个，滚圆后，中间发酵10分钟，整形（压平擀开抹上黄油，往回卷起成细长条状，中间划一刀勿割断），最后发酵40～50分钟，约至原体积2倍大，表面刷上蛋液。

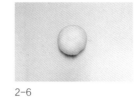

2-6

2-13

2-20

2-7

2-14

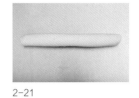

2-21

2-1

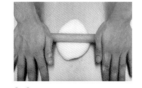

2-8

2-15

2-22

2-2

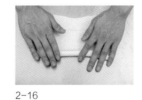

2-9

2-16

2-23

2-3

2-10

2-17

3▼

以上火200℃/下火180℃，烤约16分钟。

2-4

2-11

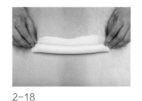2-18

- 可在面团内抹上有盐黄油，烤好后可撒上糖粉。
- 也可以在面团内抹上无盐黄油，包上乳酪片（切丁），进烤箱前表面刷上全蛋、撒上乳酪粉。

2-5

2-12

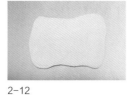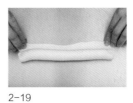2-19

37. 维诺瓦面包

　　维诺瓦面包看似是欧包，却有着与欧包截然不同的质地。采用大量的鲜奶，增加面团的口感，带有淡淡的牛奶味，吃起来柔中带着弹性，是一款传统的欧式风味面包。

面团重200克/个
此配方为4个量

材料	
高筋面粉	350 克
低筋面粉	140 克
细砂糖	20 克
海盐	9 克
蛋黄	10 克
鲜奶	325 克
鲜酵母	15 克
黄油	40 克
红豆馅	适量
乳酪丁	适量
蛋液	适量

制作过程与方法

1 ▼

将高筋面粉、低筋面粉、细砂糖、海盐、蛋黄、鲜奶和鲜酵母加入搅拌缸，用慢速搅拌2分钟成团后，换中速搅拌2分钟成微光滑状，加入黄油搅拌至完全融合，再换中速搅拌至完全扩展，将面团取出整形成团。

1-1

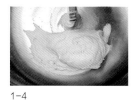

1-4

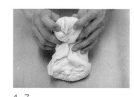

1-7

1-2

1-5

1-8

1-3

1-6

1-9

2▼

基本发酵40分钟，翻面发酵10分钟，将面团分割成200克/个，滚圆后，中间发酵15分钟，整形（擀平抹馅，铺乳酪丁，卷紧成圆柱状），最后发酵至原体积2倍大，表面刷上蛋液，横切数刀成环节形。

2-6

2-13

3▼

以上火200℃/下火190℃，烤约13分钟。

2-1

2-7

2-14

3-1

2-8

2-15

3-2

2-2

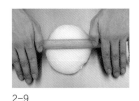

2-9

2-16

● 红豆馅做法参照第77页芝麻红豆吐司的内馅制作。

2-3

2-10

2-17

2-4

2-11

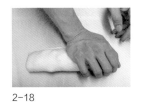

2-18

2-5

2-12

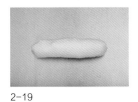

2-19

38. 布里欧修面包

　　"布里欧修属于软质面包，但我个人对面坯组织却是有十分高的要求，我在布里欧修制作的期许中，设定了一些条件，例如：强而有力的面坯、烘烤后柔软的内在、湿润的口感，同时面包也兼具软弹的面质与浓郁的奶油香气。"

面团重350克/个
此配方为7个量

材料	
高筋面粉	1000 克
鲜酵母	30 克
细砂糖	150 克
海盐	20 克
全蛋	500 克
奶粉	40 克
鲜奶	200 克
黄油	300 克
白兰地酒	10 克
老面	200 克
蛋液	适量

制作过程与方法

1 ▼

将高筋面粉、细砂糖、奶粉、海盐、鲜酵母、白兰地酒、全蛋、鲜奶、老面放入搅拌缸，先用慢速搅拌2分钟，换中速搅拌1分钟，加入黄油用慢速搅拌至完全融合，再换中速搅拌至完全扩展，将面团取出整形成团。

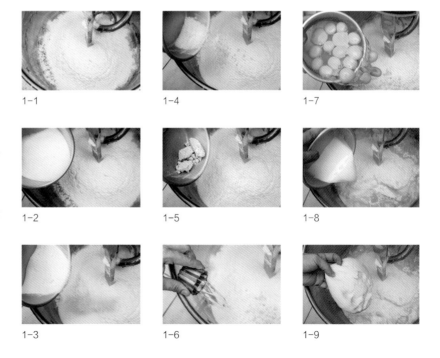

1-1   1-4   1-7

1-2   1-5   1-8

1-3   1-6   1-9

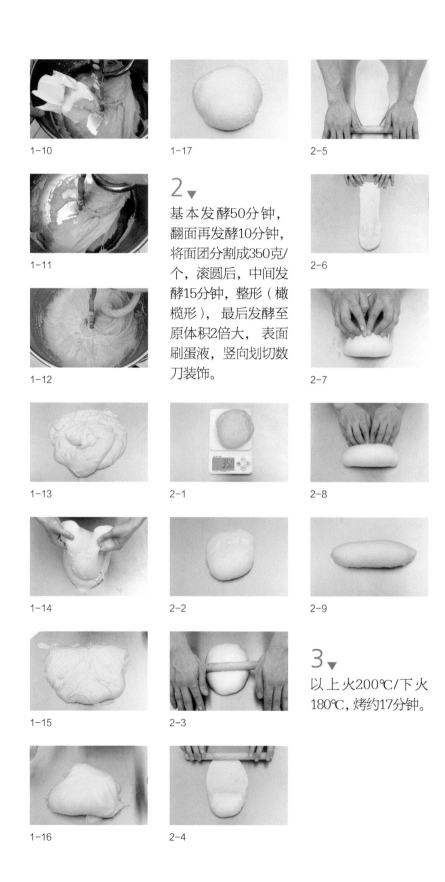

1-10

1-11

1-12

1-13

1-14

1-15

1-16

1-17

2▼

基本发酵50分钟，翻面再发酵10分钟，将面团分割成350克/个，滚圆后，中间发酵15分钟，整形（橄榄形），最后发酵至原体积2倍大，表面刷蛋液，竖向划切数刀装饰。

2-1

2-2

2-3

2-4

2-5

2-6

2-7

2-8

2-9

3▼

以上火200℃/下火180℃，烤约17分钟。

39. 酸奶面包

　　这是利用大量酸奶制成的面包，搭配黄油的香味，利用蛋黄的卵磷脂使得面坯更为柔软。

　　这款面包的口感蓬松细致，刚吃下去有一点点酸奶的酸味浮现，但之后又可以吃到面粉与蛋的香味。将面团整成小圆形，形成一个花瓣状，吃的时候，一瓣一瓣剥下来吃，很有趣味性。

面团重90克x7=630克/1个
此配方为8寸模可做4个

材料	
高筋面粉	1350 克
快发酵母	12 克
盐	15 克
细砂糖	200 克
全蛋	200 克
蛋黄	150 克
冰块	30 克
液态酸奶	200 克
凝固型酸奶	200 克
黄油	200 克

制作过程与方法

1▼

将高筋面粉、细砂
糖、盐、快发酵母、
液态酸奶、凝固型酸
奶、全蛋、蛋黄、冰
块放入搅拌缸，先用
慢速搅拌2分钟成团，
换中速搅拌2分钟，
用慢速加入黄油搅拌
至完全融合，再换中
速搅拌至完全扩展，
将面团取出整形成团。

1-1

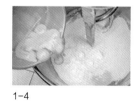
1-4

1-7

1-2

1-5

1-8

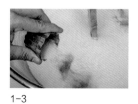
1-3

1-6

1-9

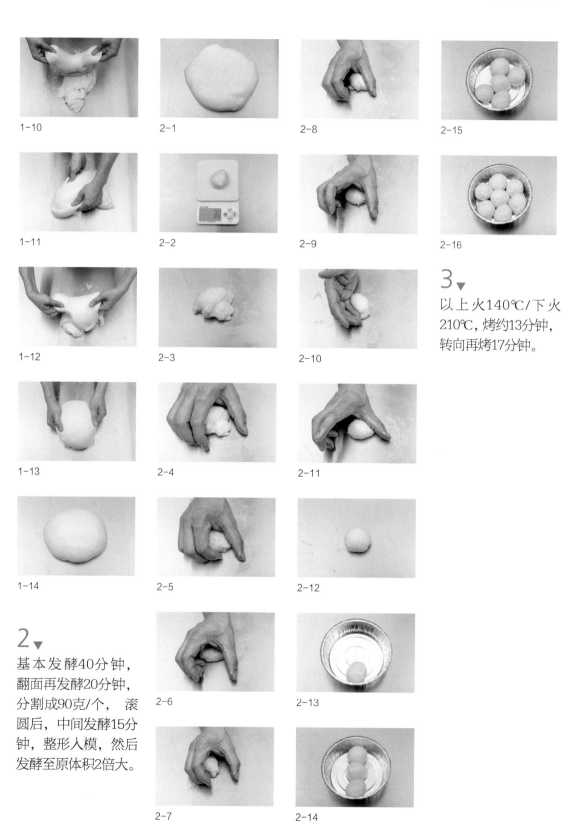

1-10

1-11

1-12

1-13

1-14

2-1

2-2

2-3

2-4

2-5

2-6

2-7

2-8

2-9

2-10

2-11

2-12

2-13

2-14

2-15

2-16

2▾

基本发酵40分钟，翻面再发酵20分钟，分割成90克/个，滚圆后，中间发酵15分钟，整形入模，然后发酵至原体积2倍大。

3▾

以上火140℃/下火210℃，烤约13分钟，转向再烤17分钟。

40．可可香蕉乳酪面包

　　内馅由新鲜的香蕉与乳酪再加上坦桑尼亚75％黑巧克力制成，入口时先浮现淡淡的香蕉味道，之后乳酪与巧克力的味道在口中融为一体。

　　由可可百利（COCO BARRY）可可粉制成的面团，虽然有浓厚的巧克力香味，但是却不甜腻，是一款大人与小孩都适合吃的面包。

面团重300克/个
此配方为7个量

面团材料	
高筋面粉	1000 克
可可粉	60 克
乳酪粉	20 克
奶粉	30 克
快发酵母	13 克
细砂糖	150 克
盐	15 克
老面	100 克
全蛋	150 克
冰水	460 克
黄油	120 克
蛋液	适量
内馅材料	
巧克力香蕉乳酪馅	适量

制作过程与方法

1 ▾

将高筋面粉、可可粉、乳酪粉、奶粉、快发酵母、细砂糖、盐、老面、全蛋和冰水放入搅拌缸，先用慢速搅拌2分钟，换中速搅拌2分钟，然后加入黄油用慢速搅拌至完全融合，再换中速搅拌至完全扩展，将面团取出整形成团。

1-1

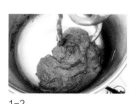

1-2

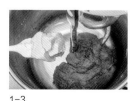

1-3

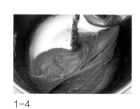

1-4

1-5

1-6

1-7

1-8

2▼

基本发酵40分钟，翻面再发酵20分钟，分割成300克/个，滚圆，中间发酵15分钟，整形（擀平、抹上巧克力香蕉乳酪馅，由上往下卷成橄榄形），最后发酵至原体积2倍大，表面刷上蛋液，横切数刀成环节形。

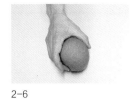

2-6

2-13

2-7

2-14

2-1

2-8

2-15

2-2

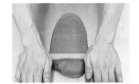

2-9

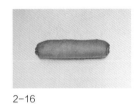

2-16

2-3

2-10

2-17

2-4

2-11

2-18

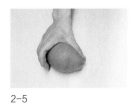

2-5

2-12

3▼

以上火200℃/下火190℃，烤约16分钟。

内馅制作

巧克力香蕉乳酪内馅

内馅材料	
乳酪	500 克
75% 黑巧克力	150 克
细砂糖	50 克
香蕉	150 克
动物性鲜奶油	50 克

依材料所列顺序将所有材料放入搅拌缸内，用慢速搅拌均匀即可。

1

4

2

5

6

3

41．温莎面包

将荞麦打成细粉加入面团内，给面坯增加了荞麦的香味。

荞麦是一种含有丰富蛋白质与氨基酸的高价值谷类，蛋白质的含量比米、麦都要高，此外还含有丰富的维生素B_1、维生素E、烟酸、钾、钙、磷、镁、铁等成分，可以帮助强化微血管，预防动脉硬化、脑卒中及高血压，经常食用荞麦对缓解糖尿病也有帮助。

面团重400克/个
此配方为3个量

材料	
高筋面粉	368 克
低筋面粉	158 克
荞麦粉	225 克
鲜酵母	6 克
冰水	320 克
液态菌种	38 克
海盐	5 克
生核桃仁	100 克

制作过程与方法

1▼

将高筋面粉、低筋面粉、荞麦粉、鲜酵母、海盐、液态菌种、冰水放入搅拌缸，先用慢速搅拌2分钟，换中速搅拌至光滑，再加入生核桃仁搅拌均匀，将面团取出整形成团。

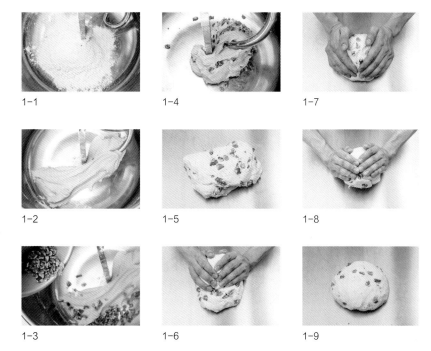

1-1

1-4

1-7

1-2

1-5

1-8

1-3

1-6

1-9

2▼

基本发酵40分钟，翻面再发酵20分钟，分割成400克/个，滚圆， 中间发酵15分钟，整形（长条状），收口处蘸荞麦粉，然后发酵至原体积2倍大。

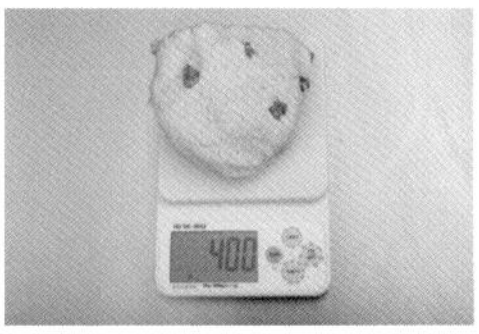

2-1

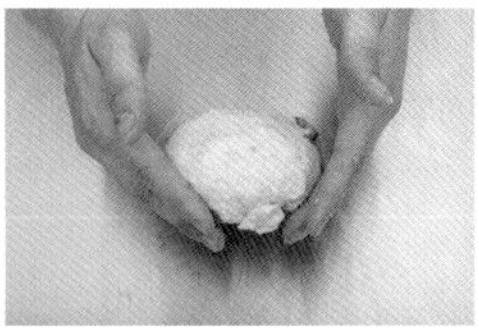

2-2

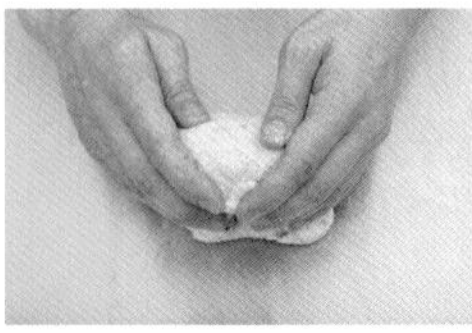

2-3

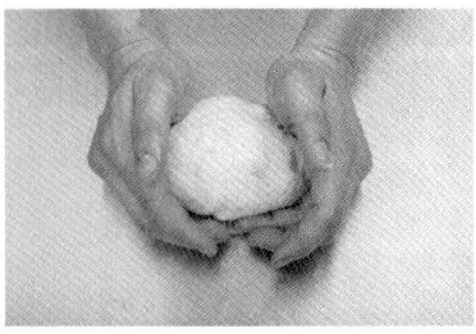

2-4

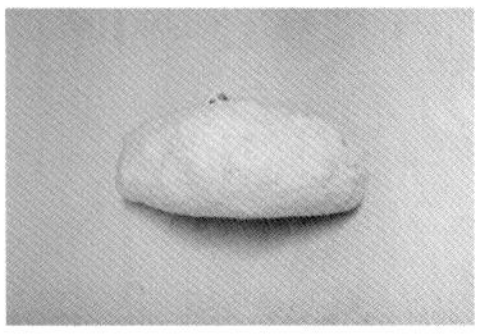

2-5

2-6

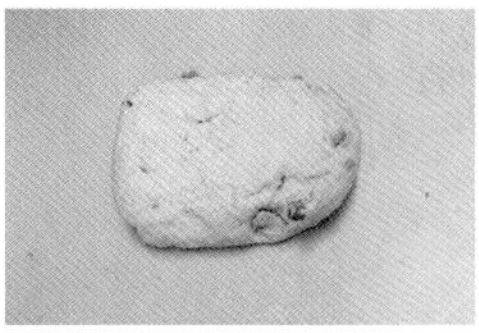

2-7

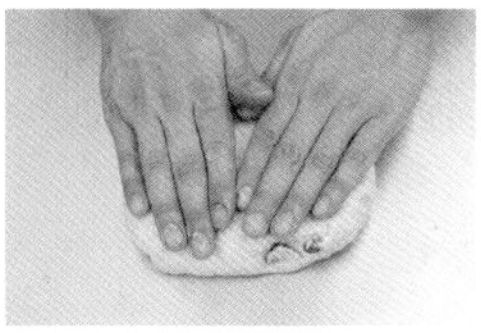

2-8

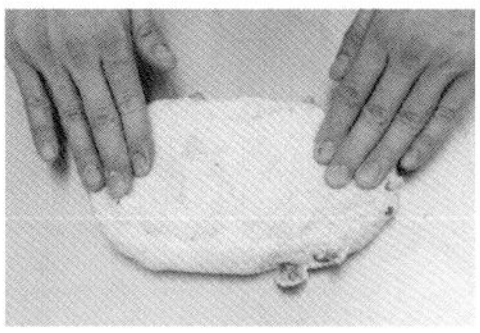

2-9

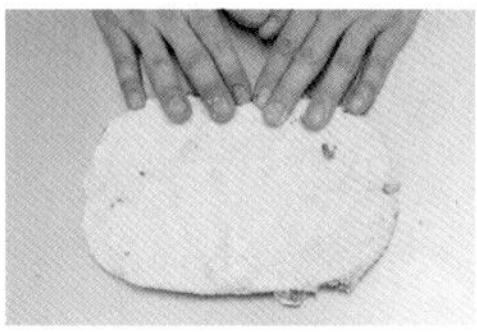

2-10

2-11

2-12

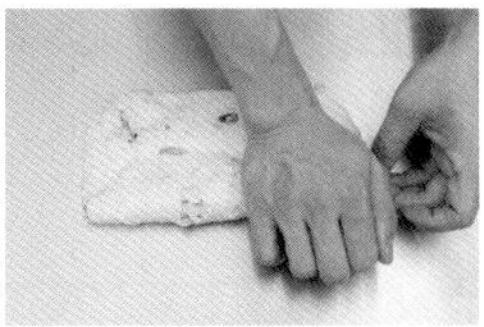

2-13

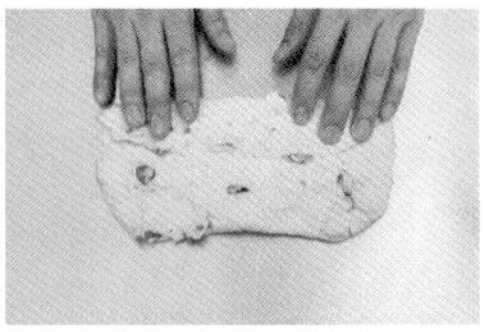

2-14

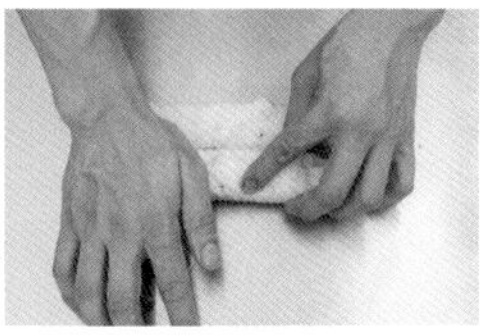

2-15

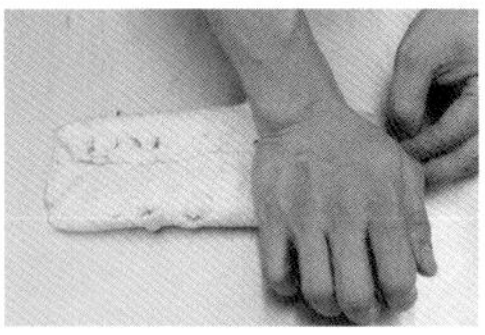

2-16

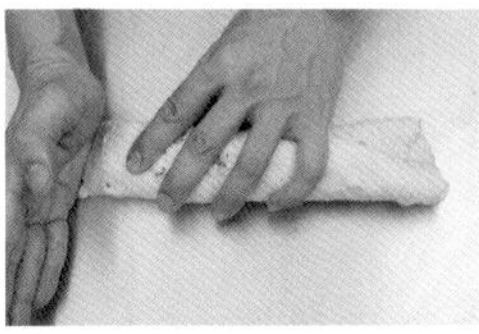

2-17

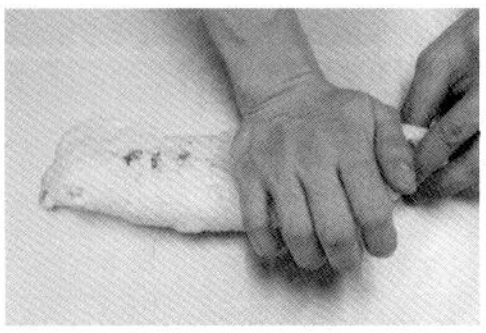

2-18

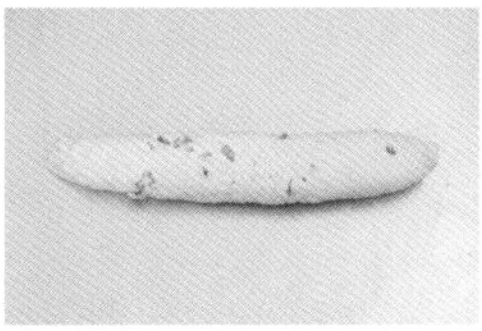

2-19

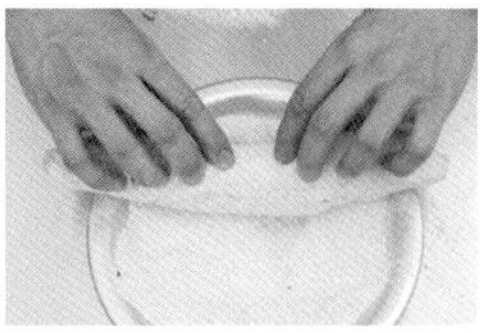

2-20

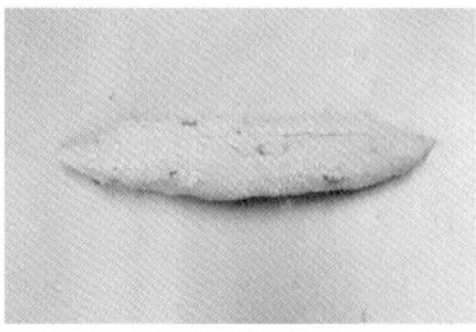

2-21

3▼

以上火220℃/下火210℃，烤约16分钟。

图书在版编目（CIP）数据

原麦面包 / 邱弘裕著. —北京：中国轻工业出版
社，2018.6
（我爱烘焙）
ISBN 978-7-5184-1819-0

Ⅰ.①原… Ⅱ.①邱… Ⅲ.①面包－烘焙
Ⅳ.① TS213.2

中国版本图书馆CIP数据核字（2018）第016036号

责任编辑：马　妍　　　责任终审：张乃東　　封面设计：奇文云海
版式设计：锋尚设计　　责任校对：吴大鹏　　责任监印：张　可

出版发行：中国轻工业出版社（北京东长安街6号，邮编：100740）
印　　刷：北京富诚彩色印刷有限公司
经　　销：各地新华书店
版　　次：2018年6月第1版第1次印刷
开　　本：787×1092　1/16　印张：15
字　　数：100千字
书　　号：ISBN 978-7-5184-1819-0　定价：78.00元
邮购电话：010-65241695
发行电话：010-85119835　传真：85113293
网　　址：http://www.chlip.com.cn
Email：club@chlip.com.cn
如发现图书残缺请与我社邮购联系调换
160008S1X101ZYW